易学易懂的理工科普丛书

图解电机基础知识入门

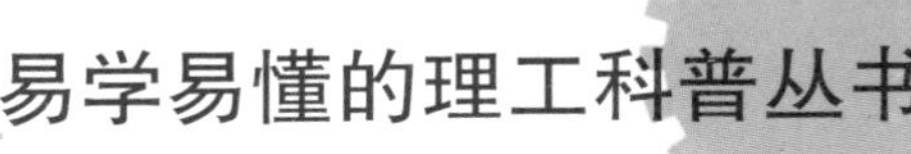

[日]井出万盛 著
尹基华 余 洋 余长江 译

U0279182

机械工业出版社
CHINA MACHINE PRESS

本书深入浅出地介绍了电动机的基础知识、应用和发展，其内容包括：电动机的用途、电动机的基础知识及应用、电流和磁场的关系、直流电动机的结构和作用、交流电动机的结构和作用、特殊电动机的结构和作用、电动机和半导体控制等。本书以电动机为切入点，结合最新话题，引入大量彩色图表，图文对应详细地进行了介绍。

本书可供电机专业的中高专科学生以及中学以上学历的爱好者参考。

前言

近20多年来，信息技术的发展是惊人的。互联网的普及在很短时间内将世界连接在了一起。把世界连成一体是很有意义的事情。“科学技术的力量”在改变整个世界。自己能跟科学技术的发展一同前进，也是一件很令人愉快的事情。

认为电动机的历史比较长久，机械的很多构思几乎都是由它来完成的。但是，围绕电动机的环境发生了很大的改变。首先，研制出了强力永久磁铁使用在电动机上。其次，随着微型计算机的出现和半导体控制技术的进步，出现了新型电动机。

现在，电动机几乎都被应用在机械系统中。电动机可以改变转速、转动方向，平缓停止或通过制动器可紧急停止。虽然它可满足大家的需求，但却无法感觉到它的存在。这样默默地给予我们安全舒适方便生活的就是电动机。在人们的生活中，电动机的重要性越来越大。本书简单易懂地介绍了电动机相关的技术。

比尔盖茨第一次接触计算机的时候，想的是“竟然如此难用！”。而通常我们看到计算机会发出“这太厉害了”的感慨。天才的想法通常是与常人不一样的。一个人对事物的看法对他以后的人生会有很重要的影响，这点是毋庸置疑的。对事物的看法一般是由人的“感性”决定的。而做事情所需的感性认识一般在年轻时已经定型。希望各位读者在年轻时提高做事情的感性认识。

如果本书对您的“感性认识”的培养有帮助的话，本人将非常荣幸。

井出万盛

书中出现的卡通人物介绍

★导读

青蛙平太：本丛书的主要卡通人物。喜欢自己动手制作，对什么都感兴趣。希望有一天自己能制造出划时代的产品

★向导

磁铁君：身着两色外衣的是大家熟悉的磁铁君。利用强力永久磁铁的力量可以使电动机小型化、高性能化

电君：虽然外表很不一样，实际上跟磁铁君犹如一对双胞胎。他最终想成为地球上一切生产过程的动力

电动机的用途

电动机在我们的日常生活中无处不在，
成为给予我们舒适方便的生活环境的无形力量。
在这里，我们先了解一下身边的空调器、洗衣机里的电动机的用途，
分析使用在电梯、缆车等设备上的电动机及电动机的机械结构。

001 电风扇和换气扇中使用的感应电动机是根据负载需要来变换转速的

现在大部分家庭都使用空调器来保持舒适的生活。但是，我们家里是用电风扇度过夏日的酷暑的。大家可能觉得现在这个时代还用电风扇的话未免太落后了，但是电风扇能安静地旋转是靠使用家用交流电运转的电动机的功劳。在这里，我们将研究一下电风扇和换气扇。

电风扇朝一个方向转动，由风扇叶产生风。因为转动方向是固定的，交流电动机（单相感应电动机）跟风扇叶连接直接传动。交流电动机是根据负载来变更转速。因为没有电刷等成为噪声源的接触部件，所以会比较安静低速转动（注：属于无刷电动机。特点：噪声低、寿命长）。交流电动机因为生产成本低，被普遍使用在电风扇上。

如果打开电风扇的内部，可以看到几微法（μF）的电容器。在感应电动机的起动中，电容器是必需有的，这个可以理解为电容式电动机。比较大型的电风扇，有可以安装在天花板上的吊扇。这种电风扇是直接在感应电动机上安装风扇叶、并且直接传动的。

小型的台扇采用罩极绕组的感应电动机。在便携式的超小型电风扇中，可以看到有刷直流电动机，在部分电风扇中也可以看到无刷电动机。还有，甚至可以被称为玩具的电池驱动的电风扇。

换气扇、送风机等同样也使用交流单相感应电动机。送风的原理和电风扇的原理是完全一样的，叶片如同螺旋桨一样转动，产生空气流动。以让人凉快为目的的送风机就是电风扇。另外，虽然换气扇和送风机主要使用感应电动机，但精密设备和电脑等冷却用的送风机使用的却是无刷电动机。

要点提示

- 感应电动机是用交流电工作的电动机
- 这种电动机，由于低速下转动声音很低，因此被应用在电风扇和换气扇中

图1 用于身边的电风扇、换气扇中的电动机

a 电风扇

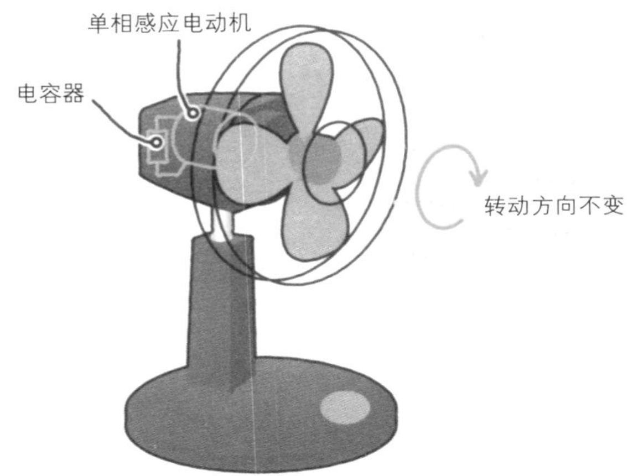

b 换气扇的构造

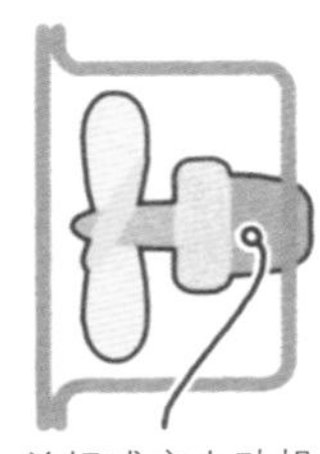

c 用于暖风机中的多翼式送风机

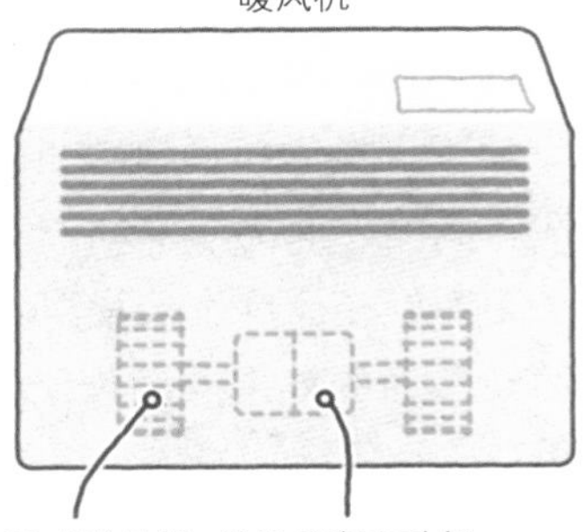

002 洗衣机的感应电动机也升级为直接传动的无刷电动机

在时代变迁的过程中，始终备受瞩目的家电之一就是洗衣机。现在提到洗衣机，一定都是全自动的。但是它的构造跟早期的比起来，有了很大的变化。

全自动洗衣机为了使洗涤桶旋转使用感应电动机，电动机和洗涤桶下的减速器之间用传动带传递动力。洗涤桶的底部有波轮（旋转翼），通过左右转动洗涤桶，形成涡流把污渍洗掉。感应电动机可以用切换开关改变旋转方向，这种能切换旋转方向的感应电动机称作交流换向器电动机（Reversible motor）。

因为感应电动机在低速时无法产生高转矩（旋转力），所以像洗衣机等需要高转矩的机械就需要减速器。因为减速器是由齿轮构成的，所以无法避免噪声的产生。这是洗衣机的缺点，也是要面临的课题。

最新式的全自动洗衣机已经解决了减速器发出噪声的问题。只有洗涤桶中水流的声音，造就了安静的全自动洗衣机。这就是使用无刷电动机的直接传动（Direct Driver，DD）式全自动洗衣机。

无刷电动机通过增加极数可以在低速下产生高转矩，电动机安装在洗涤桶的下面直接驱动洗涤桶。因为不需要传动带、减速器，所以消除了因为旋转而产生的噪声。另外，可以产生反流，搅拌如毛衣等衣物，达到洗涤的效果。图1c所示可得到高转矩的转子为20极的无刷DD电动机的剖面图。

要点提示

- 因为感应电动机在低速下无法产生高转矩，所以需要变速齿轮
- 最近通过使用直接驱动的无刷电动机可以达到静音效果

图1 全自动洗衣机中电动机的改良

a 单桶全自动洗衣机的结构

感应电动机
不擅长于低速下的高转矩运转

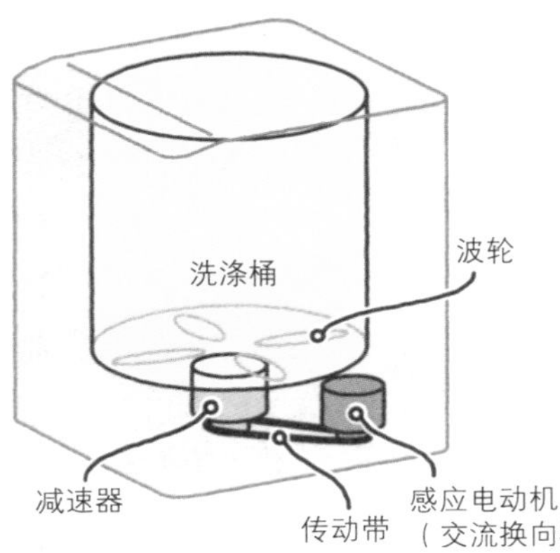

b 直接传动（DD）式自动洗衣机的结构

无刷电动机
可以产生涡流和反转水流

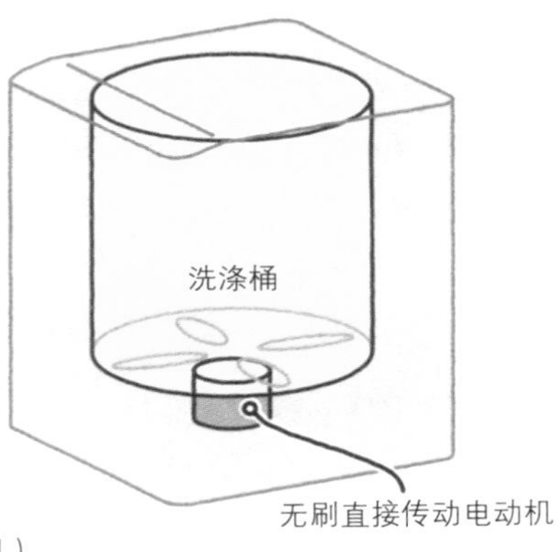

c 多极无刷直接传动电动机

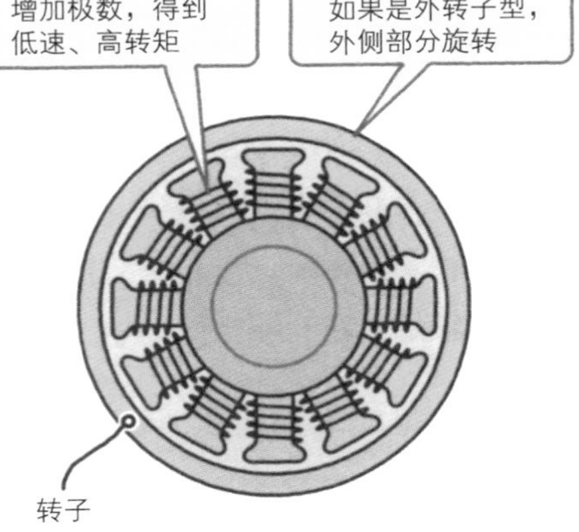

名词解释

DD电动机→直接传动电动机

003 空调器、冰箱为了节能，普遍采用无刷电动机

空调器和冰箱的制冷装置的工作原理是完全相同的。我们研究一下其中的电动机起到什么作用。

空调器由室内机和室外机组成，两个部分都用到电动机（见图1）。室内的冷气设备用感应电动机传动的压缩机把制冷剂气体压缩成为高温高压的气体，室外机的送风机通过散热板释放气体的热量。冷却为常温的制冷剂气体流入毛细管，节流降压成为低温低压液体状态。通过室内的送风机送入，制冷剂气体会吸收室内的热量。至此，再次通过压缩机压缩成高温高压的气体。周而复始的运行，保证了空调器的制冷系统的制冷。

这种制冷系统的压缩机和送风机使用的都是感应电动机。大型空调器通过变频控制技术达到节能效果。最近为了静音、高效，都开始使用无刷电动机。另外，调整风向的通风百叶窗的传动装置使用的是步进电动机。

冰箱的压缩机使用的是感应电动机（见图2）。但是，最近也可以看到使用小型直流电动机或者无刷电动机的节能压缩机。冰箱不用风扇强制放热、吸热。设计原理是通过箱内循环自然放热，尽可能达到节能效果。因此无法看到散热用的送风电动机。另外，虽然大型的冰箱中安装了循环用的风扇（小型无刷电动机），但是小型冰箱中也有没安装循环用风扇的。

要点提示

●无刷电动机对于静音、节能（高效率）方面是有贡献的

图1 空调器的冷却原理

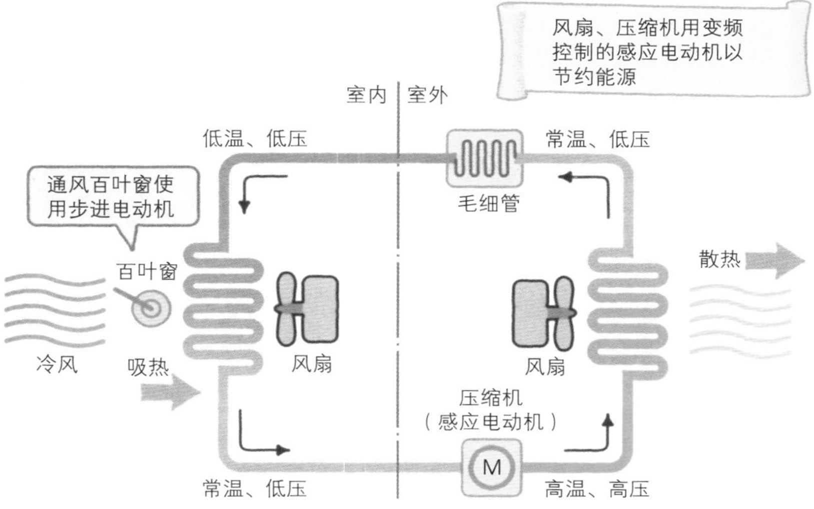

图2 冰箱的制冷原理

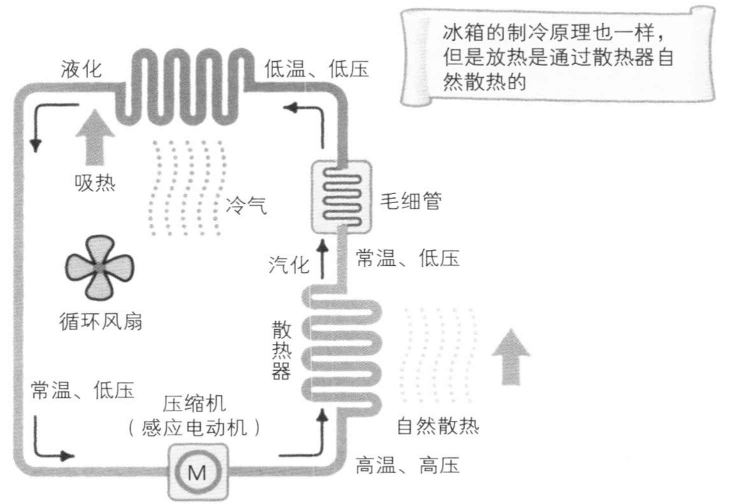

名词解释

压缩机→压缩气体的机械

电动工具中用的是起动时能产生大转矩的交流换向器电动机

业余爱好者使用的电动工具中，最常用的大概是电钻吧。同类的电动工具中还有电动螺丝刀等。这两种工具内都装有电动机。通过旋转钻洞、松紧螺钉。这类工具开始起动时，都需要很大转矩。使用家庭用电（交流），在起动时能产生大转矩的电动机是交流换向器电动机（可逆电动机）。除了电动螺丝刀、圆盘电锯等电动工具外，吸尘器、搅拌机等也使用交流换向器电动机。

通过高速旋转圆形砂轮来切割材料和打磨工具的工作机械有砂轮机，在除去部件、工具上的毛刺及打磨钻头、车床的车刀的时候使用。砂轮机以在电动机两边安装砂轮的居多，是在学校的工作室或家庭中都可以看到的电动工具。多数从插座得到交流（电）而工作，直接在感应电动机上安装砂轮使用。另外在像便携式手持砂轮机等工具中，使用直流电工作的无刷电动机。因为无刷电动机可以高速转动，在金属、陶瓷上开高精度孔或在玻璃上雕刻花纹等时使用。携带式电动工具以小型、轻便、高功率的居多，还要使用后面叙述中提到的强力永久磁铁的电动机和镍氢电池。

小型车床是比较缓慢的旋转用于切割的工作机械，基本都使用从插座取得的交流电，主要使用感应电动机。使用传动带和带轮以低速旋转的比较常见。但是，最近可以看到使用无刷电动机进行稳定旋转控制的小型车床。

要点提示

●电动工具、吸尘器使用起动转矩大的电动机

图1 使用电动机的工具

a 便携式电钻

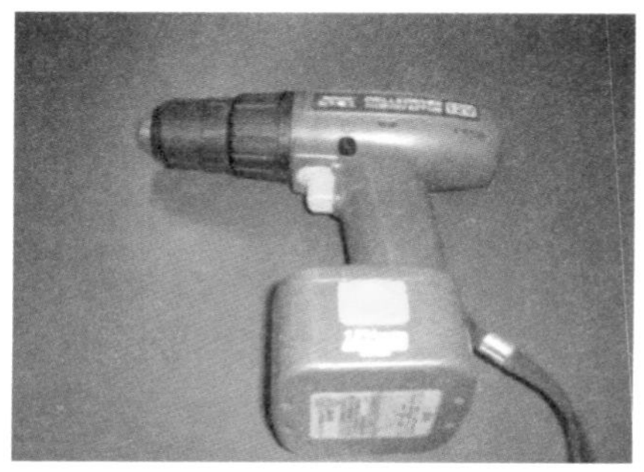

便携式电钻中有充电式的，也有使用直流电动机的

b 台式砂轮机

大多数砂轮机使用感应电动机

c 台式钻床

台式钻床（电钻）使用感应电动机或换向器电动机

d 小型车床

小型车床主要使用感应电动机

电动工具根据动力、使用方便性的要求，所使用不同的电动机

005 地铁、路面电车使用的是具有理想特性的串励直流电动机

用直流工作的串励直流电动机，在起动时流过大电流产生更大的动力。起动以后，旋转加速，电流逐渐变小。这种特性作为汽车动力是非常理想的，类似安装了变速器，所以驾驶起来非常容易。这里我们了解一下电车用的电动机。

串励直流电动机因为拥有理想的运行特性，一直以来被使用在电车上。因为可以根据电压控制速度。电动机用简单的机械开关切换串并联和通过接入电阻调整加到电动机上的电压，从而可以调整速度。例如，如图1a所示，两台电动机串联的话，加到一台电动机的电压会变成一半，转速会减慢。两台电动机并联的话，加到各台电动机的电压不变，速度会加快。这些可以通过机械开关简单地切换。随着现在半导体技术发展，现在普遍用半导体控制电压来代替机械开关。

图1b所示的是被称为“直流斩波器”的电压调节电路的原理。这种电路通过脉宽调制（PWM）的控制方法（参见006节）可以调整平均电压，对电动机可以无级连续地进行电压控制。直流电动机中，有“换向器”和“电刷”等切换电流方向的部件，因为安装在转子部分的换向器直接接触电刷，会磨损严重，需要定期检查保养。如果由于接触换向器受污而产生短路，就会流过大电流，有把换向器、电刷等部件烧坏的危险。

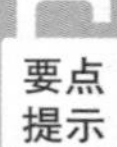

要点提示

●电车中使用的“串励直流电动机”，在维护等运行方面的费用高

图1 电车中使用的电动机的速度控制原理

a 利用电动机的连接来调整电车的速度

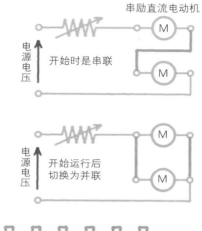

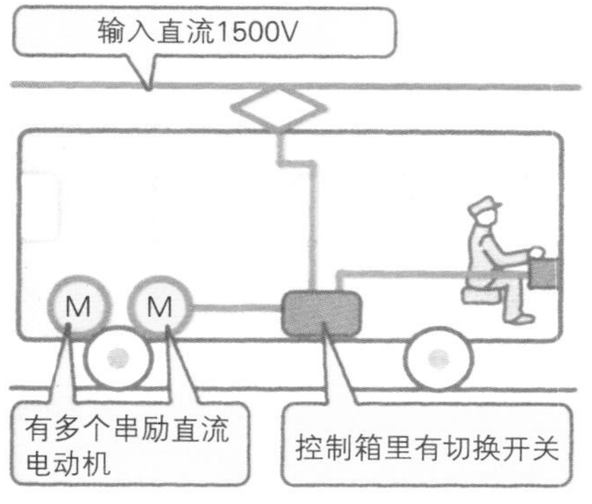

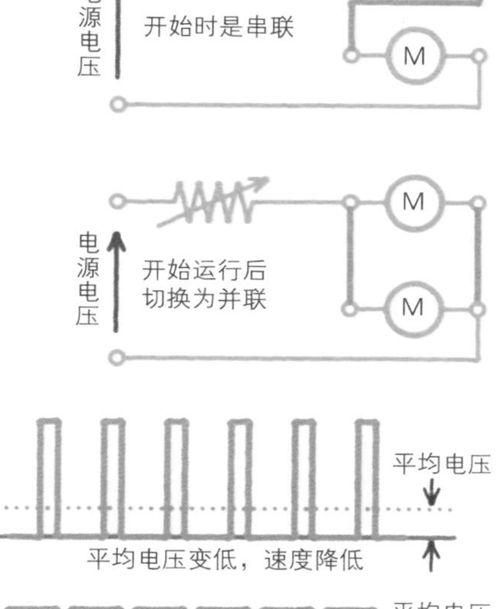

b 利用直流斩波器电路来调整速度

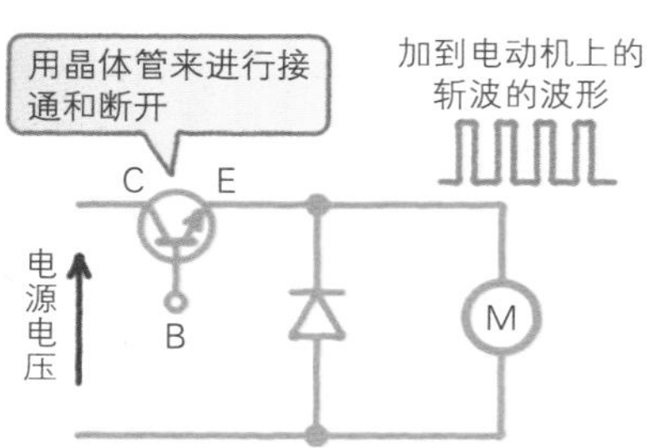

平均电压

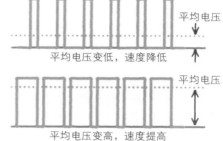

平均电压变低，速度降低

平均电压

平均电压变高，速度提高

串励直流电动机和车轮
（在地铁博物馆内拍摄）

006 新干线、特快电力机车中使用变压变频（VVVF）逆变器控制的三相感应电动机

三相感应电动机是没有电刷、换向器的交流感应电动机，而且相当坚固，不需要维护。随着最近的半导体控制技术的发展，频率和电压的控制（VVVF逆变器控制）成为可能，可以在低速下也能得到很强的动力和高速性能。因而可以用来代替以前一直使用的串励直流电动机。所以电力机车也开始使用交流传动的三相感应电动机。

图1a所示为使用直流的和使用交流的电车。使用直流的场合，直接由VVVF逆变器生成用于控制三相感应电动机的变压（Variable Voltage，VV）和变频（Variable Frequency，VF）的交流电压。使用交流的场合，首先使用PWM变换器（交流–直流变换装置）把交流电整流为直流电，然后通过VVVF逆变器变为可变压和变频的交流电压，用于控制三相感应电动机。

图1b所示是VVVF逆变器的输出波形示意图。平均电压控制（变压控制）：脉冲的周期一定，脉冲的幅度变化。频率控制（变频控制）：输出变更了脉冲的周期的PWM控制波形。当然，因为这里要输出近似的交流波形，逆变器的控制会变得相当困难。

目前，用在电车的主流电动机是三相感应电动机，因为使用永久磁铁（Permanent Magnet，PM）（稀土类永久磁铁）的永磁同步电动机的交流电动机，可以达到高效率、轻量化，正在评估是否导入到下一代新干线中。现在试验车辆（E954型电力机车）正在进行测试中。采用超导电磁铁、用交流驱动的同步电动机的磁悬浮高速列车也正处于实验阶段。

要点提示

- 使用交流运行的电车用VVVF逆变器控制
- 新型新干线的车辆、磁悬浮高速列车使用PM同步电动机

图1 使用在新干线、特快电力机车的电动机

a 使用感应电动机的电力机车

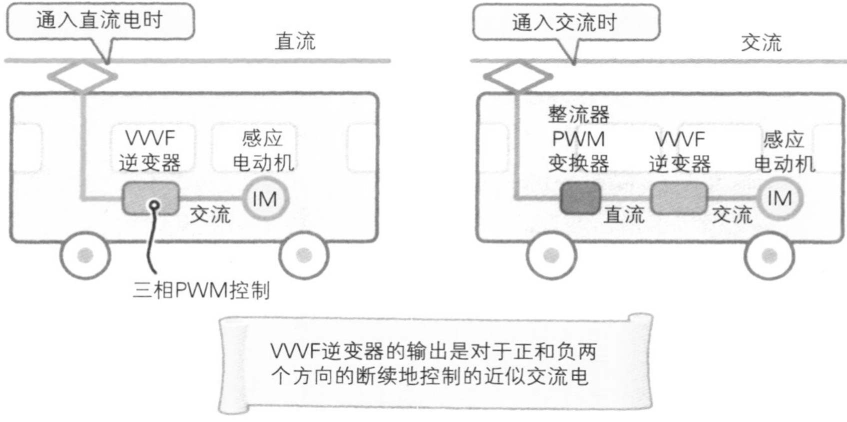

b 利用VVVF逆变器的感应电动机控制

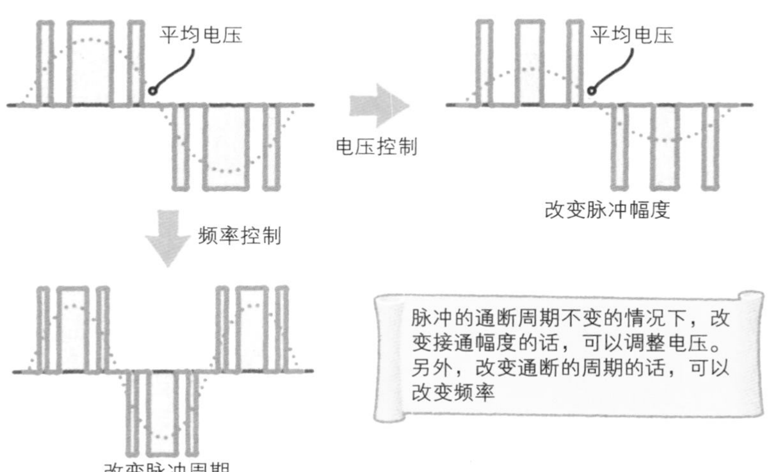

名词解释

VVVF逆变器→变压、变频的直流-交流变换装置

PWM变换器→由脉冲幅度控制的交流-直流变换装置

007 电动汽车使用三相交流感应电动机或者永磁（PM）同步电动机

由于能源短缺，混合动力汽车（HEV）的生产量急剧增加。而且，随着电池的小型化技术的进步，电动汽车（EV）也在逐渐地普及。这里我们看看电动汽车及驱动用的电动机系统。

电动汽车是使用蓄电池中已经充好的电能，用电动机来行驶的汽车。本书把燃料电池汽车也作为电动汽车的一种看待。电动汽车的能源是电能，燃料电池汽车使用乙醇、氢气作为燃料而发电，储存到电池中来使用。两种都是使用电池里已充好的直流电力驱动电动机来行驶。从原理上跟用直流电的交流电动机行驶的汽车一样，通过逆变器控制，用三相交流电的感应电动机或PM同步电动机驱动来行驶。

图1b所示的是用燃料电池发电的原理。有直接使用氢气作为燃料的，也有使用甲醇等燃料通过改质装置生成氢气作为燃料的。充足的燃料、基础设施的完善、燃料电池的小型化是电动汽车普及的关键。

混合动力车是同时装载内燃机和电动机的动力车，根据情况，分别使用两个动力源来行驶。根据使用的动力源组成方法不同，分为以下两种。

图2a所示的是并联式混合动力汽车的构造，内燃机的发动机直接连接电动机、发电机。发动机工作时可以将所发的电充到电池中，根据情况使用电池中的电能来行驶。

图2b所示的是串联式混合动力汽车的构造，这种构造的汽车不是直接用内燃机行驶，发动机是作为发电的动力源使用，用电池中的电能作为动力来行驶的电动汽车。这种混合动力汽车在原理上跟太阳能汽车、燃料电池汽车属于同一类型。

要点提示

- 汽车上使用的电动机都是无刷电动机
- 汽车上也使用PM同步电动机

图1 电动汽车中使用的电动机

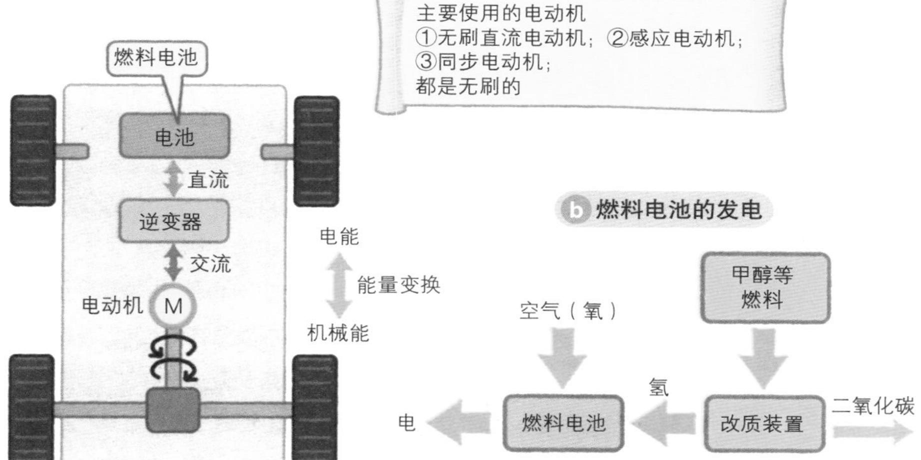

图2 混合动力汽车的形式

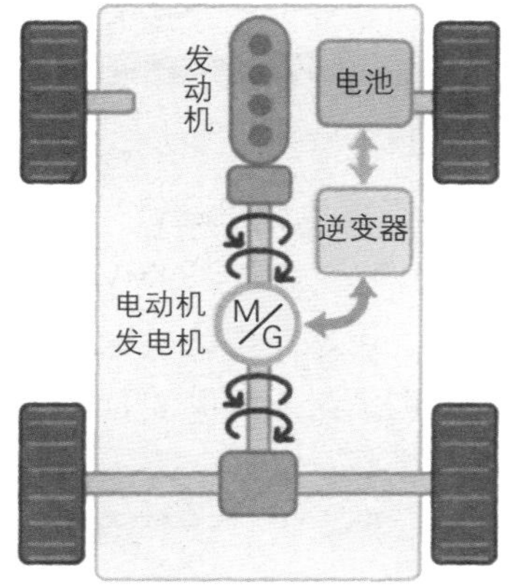

直接由发动机驱动或由电池驱动电动机

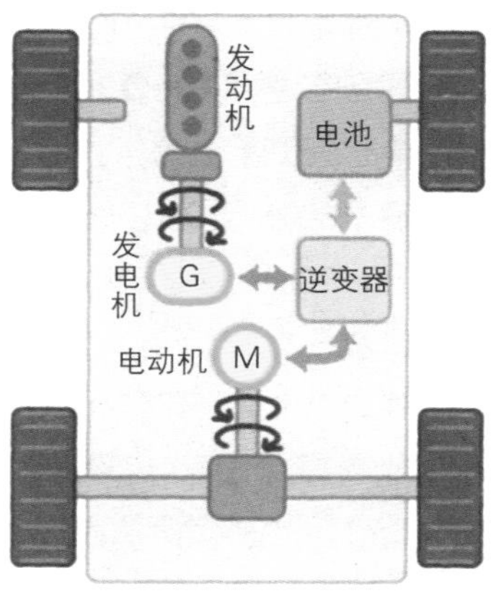

没有直接通过发动机驱动

008 新干线利用大规模的电动机控制系统进行运行管理

随着计算机技术的发展，车辆的电动机控制通过计算机实现了自动化。

1964年10月1日新干线正式开通营业，通过列车集中控制装置（CTC）进行运行管理。最初通过人工发出道岔的操作和速度限制的指示，现在通过新干线运行管理系统（COMTRAC），不但管理列车的运行，还综合进行设备管理、信息管理。

COMTRAC由①行车控制系统［PRC系统：CTC（列车集中控制装置）、PRC（自动进路控制装置）、ATC（自动列车控制装置）］；②信息处理系统［EDP系统：TID（列车运行状况显示装置）、PIC（旅客引导信息处理装置）、SMIS（新干线信息管理系统）］；③运行显示系统（MAP系统）三个系统组成。MAP系统也跟UrEDAS（早期地震检测警报系统）连接着，地震发生时可以停止列车的运行。如今的新干线是通过计算机进行运行管理的自动行驶车辆，使用了大规模的电动机控制系统。

1995年日本开通的新交通系统“赤味鸥号”（东京临海新交通临海线）从东京都港区的新桥站到江东区的丰州站的14.7km的路段是通过自动列车驾驶装置（ATO）实现无人驾驶的。月台上设有门，只有车辆进入并停止在月台上，门才开启或闭合，安全地集中管理上下车。7000系列车辆把600V交流电变换成可变直流电压，用直流电动机运行。

另外，7200系列车辆使用了PWM变换器，PWM逆变器把600V的交流电转换成三相交流电（详细说明见后面所述），用感应电动机运行。

此外，1981年开通的神户新交通Portliner线也是无人驾驶的，日本的多数地铁都采用无人驾驶的新交通系统。

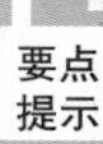

要点提示

- 新干线利用大规模的电动机控制系统进行运行管理
- 大多数地铁采用新交通控制系统实现了无人驾驶

图1 新干线运行管理系统

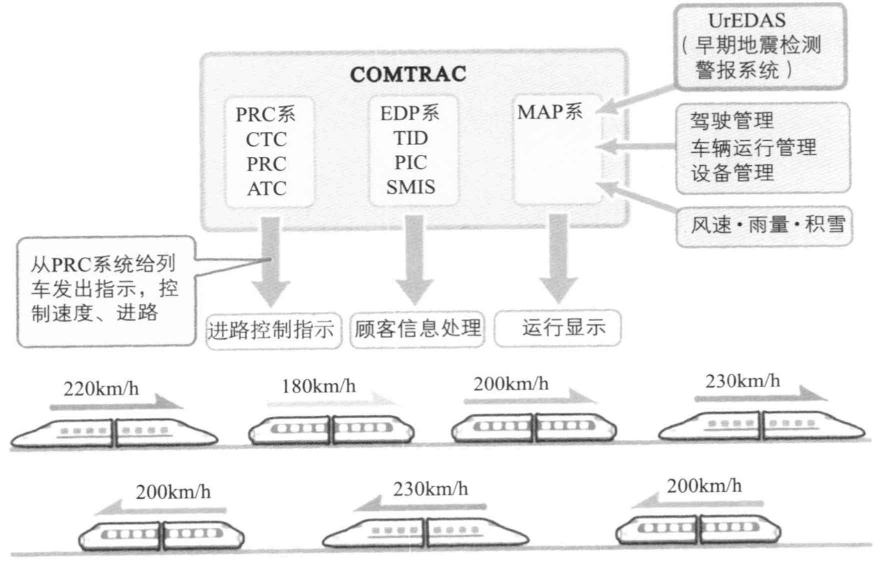

UrEDAS检测到地震的话，新干线会被自动停止（关闭）

无人自动驾驶的
新交通系统“赤味鸥号”

名词解释

CTC→列车集中控制装置
PRC→自动进路控制装置
ATC→自动列车控制装置
TID→列车运行状况显示装置
PIC→旅客引导信息处理装置
SMIS→新干线信息管理系统

009 随着伺服电动机和控制技术的发展，机器人活跃在看护、医疗领域中

伺服指的是“按照指示动作”，伺服电动机指的是“按照指示动作的电动机”。因此，电动机种类无关紧要，但对电动机动作准确度的要求会更严格。伺服使用的电动机中，交流电动机有感应电动机、PM同步电动机；直流电动机有无铁心电动机、DC无刷电动机、步进电动机、直线电动机等。

20世纪后半期，伴随着经济的高速成长，日本的工业机器人在世界范围内都是值得骄傲的。这种工业机器人使用的电动机，动力部分主要为交流伺服电动机。随着微型计算机出现，伺服电动机的控制也彻底改变了。如今，在“单调、频繁和重复的作业”中，工业机器人（单轴机器人、直交机器人、标量机器人）的应用非常广泛。

进入21世纪，随着社会老龄化，在看护、医疗领域中应用机器人引起关注，看护机器人也登场了。从单一重复动作控制，进入从事“让人更加愉快、放心”的动作控制，无论如何也要借助计算机的力量。除了这种提供生活帮助的机器人外，家庭的自动化、娱乐化中使用的机器人也逐渐增加。此外救援机器人、助力机器人等各类机器人也陆续出现了。

最近像人类一样行走的步行机器人也开始登场了。作为人类的“宠物”开发的治愈机器人等也陆续出现。这些动作都是由电动机和控制技术来实现的，和人们印象中机器人的“笨拙的动作”完全不同，它可以做“治疗”动作。这种实现动作控制的电动机，几乎都是使用强力永久磁铁的伺服电动机。

要点提示

●机器人的流畅动作是通过使用伺服电动机和微型计算机的控制技术来实现的

图1 伺服机构的结构图

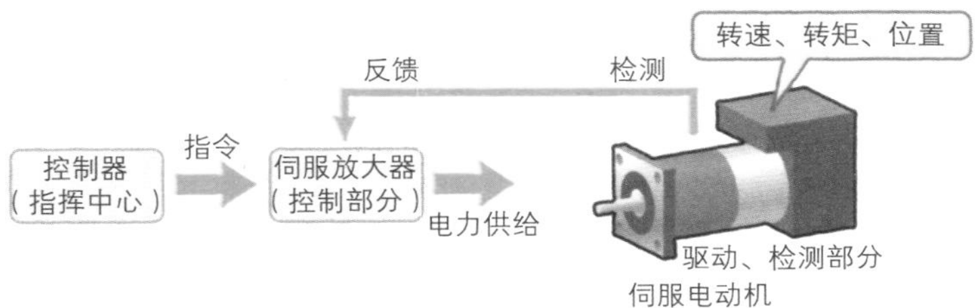

图2 在机器人中的应用

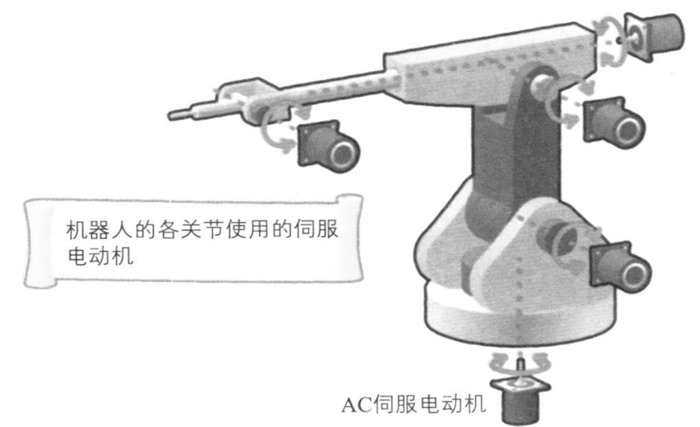

步行机器人
（照片提供：本田技研工业）

010 通过VVVF控制技术和PM同步电动机，电梯、自动扶梯得以改进

以前的电梯是通过内燃机等驱动的，现在几乎都是用电动机驱动。驱动方法常用的是使用钢丝绳、对重的“牵引式”。带有机械室的牵引式电梯：通过平衡轿厢和对重的重量，用顶部安装的卷扬机驱动。系统构成简单，从底层建筑到超高层建筑的所有场合经常使用。

直线电动机如果设计为安装有对重，可以沿着钢丝绳上下移动结构的话，就没有必要安装卷扬机了。现有的直线电动机式电梯可以不用机械室，现在正在研究把原来安装在对重上的直线电动机安装到轿厢上。如果实现了这种方法，会诞生轿厢自身移动的“直线电动机轿厢”，不再需要钢丝绳。这说明轿厢的移动方向的限制会消失，水平、垂直、曲线都可以移动，将会彻底地颠覆电梯的概念。

电扶梯的驱动方法一般是通过上部安装的驱动器向链轮传输动力，这是一种简单的构造。在总长度很长的电扶梯中，倾斜直线部分安装了多个驱动单元，也有采用中间驱动的方式。

电梯和电扶梯的电动机上使用了交流变压、变频控制（VVVF控制）的逆变器，曾经盛行使用可高速、低速的逆变器驱动的感应电动机，但现在是PM同步电动机驱动成为主流。

要点提示

- 通过使用直线电动机可以改变电梯和自动扶梯
- 这里也有VVVF控制的PM同步电动机的应用

图1 牵引式电梯的结构

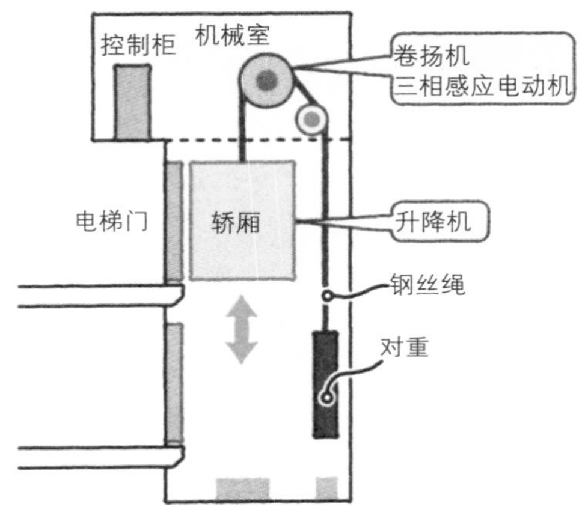

图2 电扶梯的结构

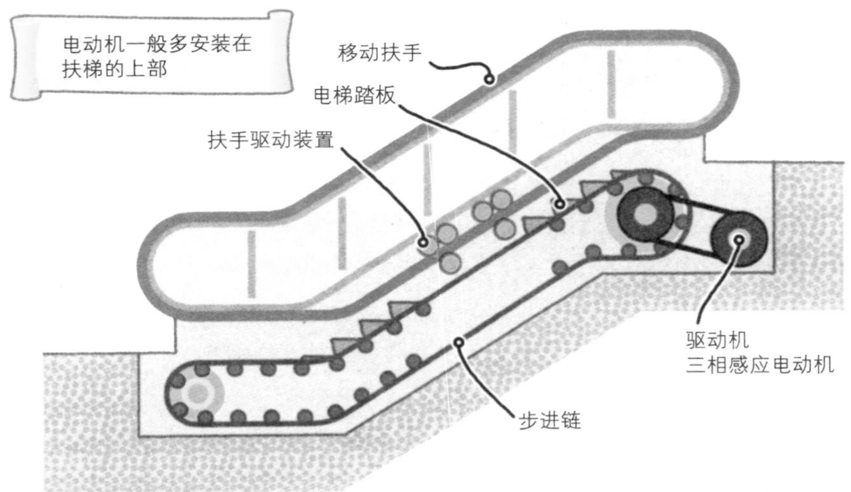

名词解释

直线电动机→可以直线移动的电动机

011 有轨缆车、缆车中使用的是变频器控制的三相感应电动机

有轨缆车是用缆绳牵引轨道上的车辆，在山顶上安装的动力把绑在车辆两端的缆绳卷起，达到车辆的上下行驶。线路是单线的，但是为了上下车辆错开行驶，中间部分是复线。

卷扬装置如图1所示，由滑轮、减速器、电动机、控制装置、制动装置等各个部件构成。用控制装置控制电动机转动，用减速器减速到适当转速，然后转动滑轮。在这个滑轮上卷缠缆绳，随着缆绳的移动，车厢上下运行。使用的电动机以使用交流三相感应电动机居多，这里也有用到叫作逆变器的直流-交流变换装置。另外，准备了作为预备动力的原动机，应急时期可以在减速器上切换。

缆车的动力，跟有轨缆车一样是安装在山顶上的动力室的电动机，车厢上没有动力。电动机转动卷扬装置，缆绳两端的车厢以“交行式”交互上下。几乎所有的缆车都是以电动机作为动力源，电动机安装在始发站或者终点站。另外，作为预备动力，装备了柴油发动机等，以备应急。

日本的箱根缆车在1959年12月开通了早云山站—大涌谷站，次年开通了剩下的大涌谷站—桃源台站。使用了三相交流感应电动机，大涌谷站安装了一台500kW的电动机，中间的姥子站安装了两台420kW的电动机，都是使用逆变器控制的。

要点提示

● 缆车和有轨缆车也使用了交流三相感应电动机

图1 有轨缆车使用的电动机

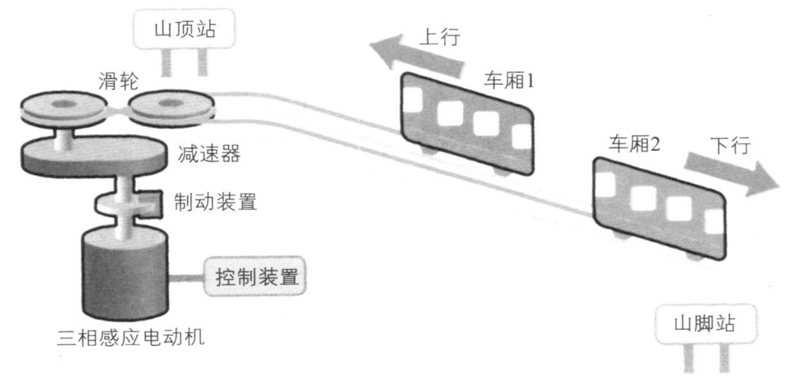

图2 缆车使用的电动机

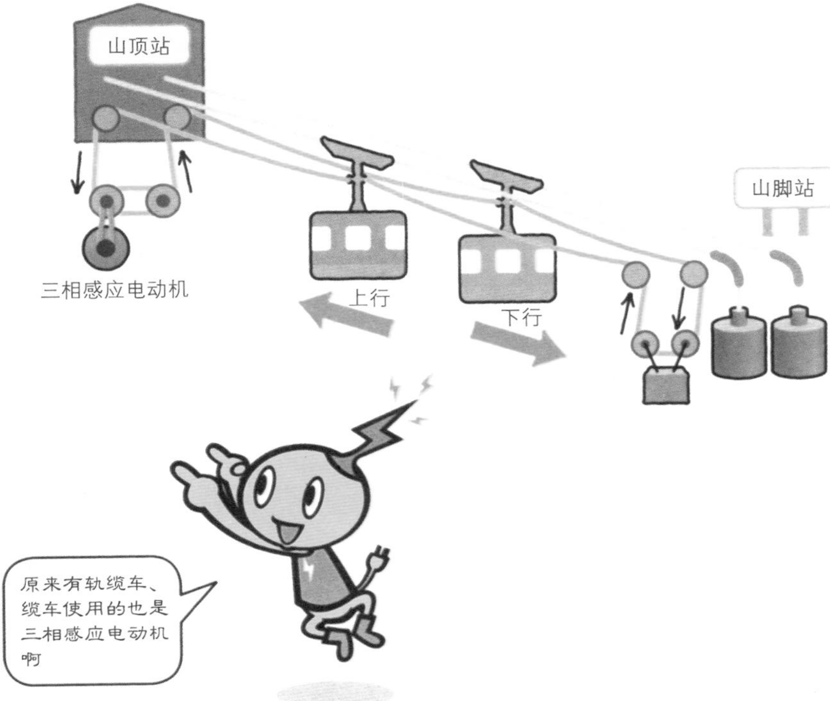

山顶站
三相感应电动机
上行
下行
山脚站

原来有轨缆车、缆车使用的也是三相感应电动机啊

012 游乐场的大型游乐设备使用的是液压马达或直线电动机

游览车、旋转木马因为重量大、惯性大，为了加减速需要很大的动力和控制性（软起动技术）。这种场合使用液压是最合适的，现在大多数游乐场采用的是液压马达。液压马达有在低速旋转下产生很大动力的特点。

图1a所示的是用液压马达驱动的示意图。用电动机来驱动液压泵，泵口积聚汲出的油产生压力，通过切换阀流入液压马达。液压马达的转速跟液压泵在单位时间内汲出的油量成比例，这时取决于电动机的能力。这种泵通常使用三相感应电动机。在需要产生很大动力的场合，使用液压马达相比电动机可以设计得更紧凑。

过山车是把滑行车提升到最高处，从高处突然下降的乘坐物。因此，滑行车在滑动时一般不需要动力。只是在用升降机提升到高处时才需要动力。和有轨缆车或缆车一样，这个动力也用三相感应电动机。当然也有通过直线电动机加速把滑行车弹射出去的，还有在行驶中也可以加速的滑行车。

富士急高原乐园的“dodonpa”叫作“空气汽艇式”，通过压缩空气实现爆发性的加速，时速可达到172km/h。东京圆顶游乐园的“Linear Gale”中使用的也是直线电动机，最高加速到时速100km/h。东京迪士尼乐园的“地心探险之旅”是唯一的各车辆上搭载电动机的滑行车。

要点提示

- 液压马达可以在缓慢的旋转下产生很大的动力
- 液压马达的液压泵的驱动使用的是三相感应电动机

图1 游乐场中使用到的电动机

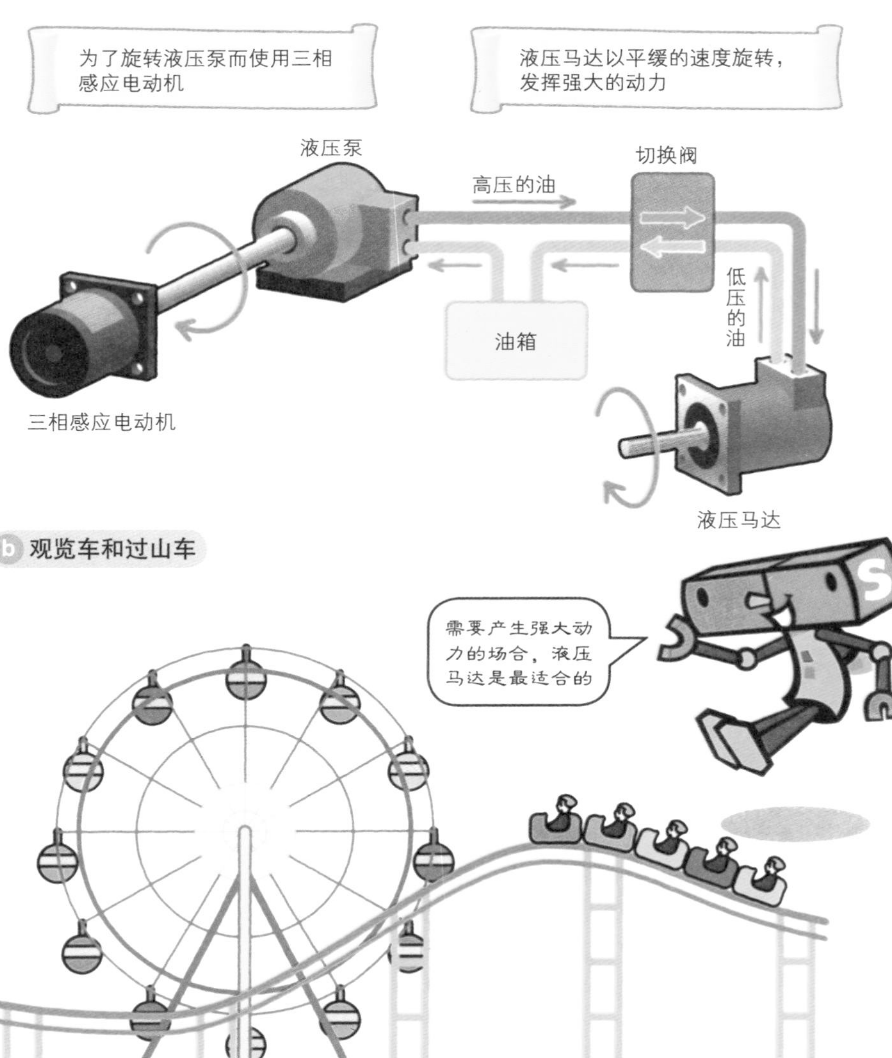

名词解释

转动惯量→物体转动时惯性的量度，转动惯量大的物体旋转会比较困难

013 个人计算机和外围设备为了静音使用的都是无刷电动机

现在是因特网普及的时代。个人计算机逐渐走入了我们的生活。其实计算机里也有很多电动机。这里我们看看个人计算机和外围设备中主要使用的电动机。

个人计算机里有硬盘和CD/DVD驱动器。另外，旧的个人计算机里还有软盘驱动器。这些部件都有用电动机来驱动的运动的部分。说到运动，因为有各种类型的运动，根据运动的方式不同来选择不同电动机。例如，硬盘里有两种类型的电动机：一个是旋转硬盘用的无刷电动机。另一种是移动读取磁头的直线电动机。通过这两个电动机，从硬盘中读取数据、往硬盘写入数据。软盘中有一种电动机叫作步进电动机，可以通过小步旋转来转动读取部分。另外，旋转软盘的部分同硬盘一样使用无刷电动机。

个人计算机里有防止IC温度上升的风扇。这个风扇要求安静地旋转，所以使用无刷电动机。

个人计算机的外围设备中有打印机。打印机是要求能在正确的位置定位的机器，使用的是步进电动机。

要点提示

●个人计算机中使用的电动机要求安静地旋转，使用的是无刷电动机

图1 个人计算机和外围设备

a 使用在个人计算机里的电动机

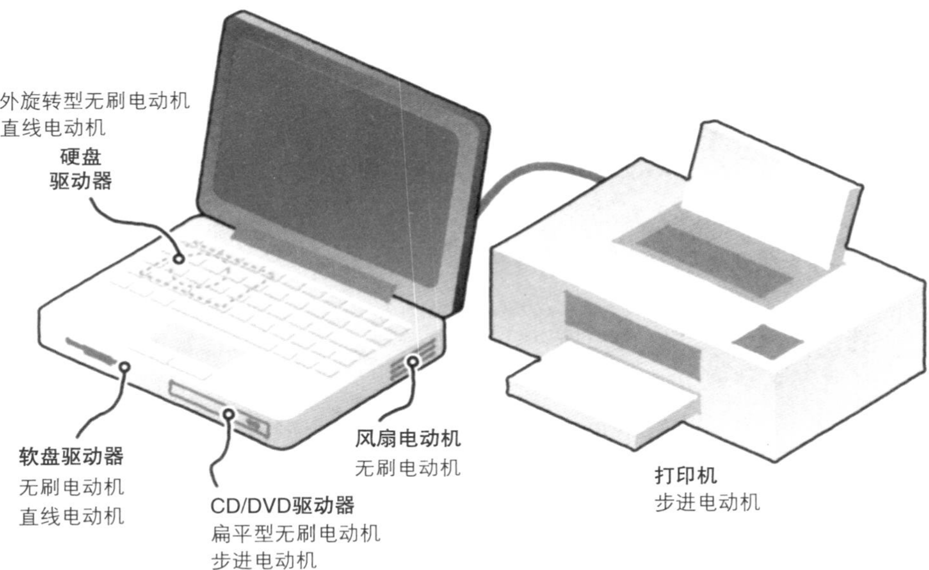

b 扁平型无刷电动机

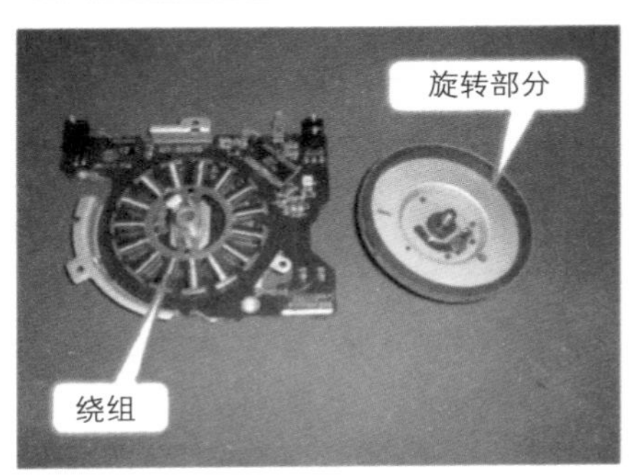

c 冷却用风扇电动机

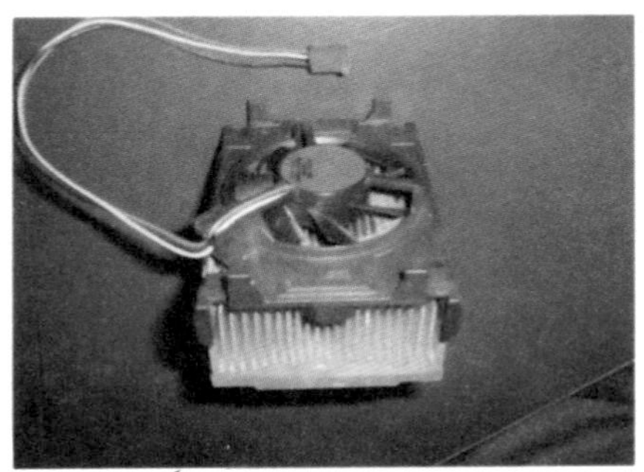

无刷电动机因为没有接触部分，所以很安静

014 其他家电产品中使用的电动机

在我们的日常生活中，电动机在各种地方都起到作用。这里我们看一下身边的家电产品中的电动机。

电吹风机使用交流电压，里面的电动机是2~3W的直流电动机。交流感应电动机的缺点是重量重，像电吹风机这种拿在手里使用的机器中是不会使用的。更适合使用轻便高效的小型直流电动机。

电吹风机中使用直流电动机的场合，需要有把交流电变换成直流电的整流过程。因此，电吹风机中一定会有二极管或二极管桥式整流电路（交流电变换为直流电的电路）。整流可以将家庭用交流电压（日本的交流电压有效值为100V，我国为220V）变换成为最大值141V的直流电压。实际上，为了要把直流电压降到30V，加入电阻进行调节，加到小型直流电动机上的直流电压就为30V。

吸尘器最大的特点就是声音大，搅拌器和榨汁机等也是这样。这种声音是每分钟超过10000转的高速旋转中所产生的。这类家电产品的电动机都在开始旋转时需要高转矩。为了防止在旋转中卡住、动力不足，所以需要高速旋转。一般都使用起动时动力大、可以高速旋转的交流换向器电动机（可逆电动机）。

另外，摄像机、数码相机里安装的是特殊的超声波电动机来实现自动对焦。手机里安装有振动电动机，在静音模式下会以振动来表示来信。

要点提示

- 电吹风机中使用的是小型直流电动机
- 摄像机的自动对焦通过超声波电动机来实现

图1 使用电动机的其他家电产品

a 吸尘器

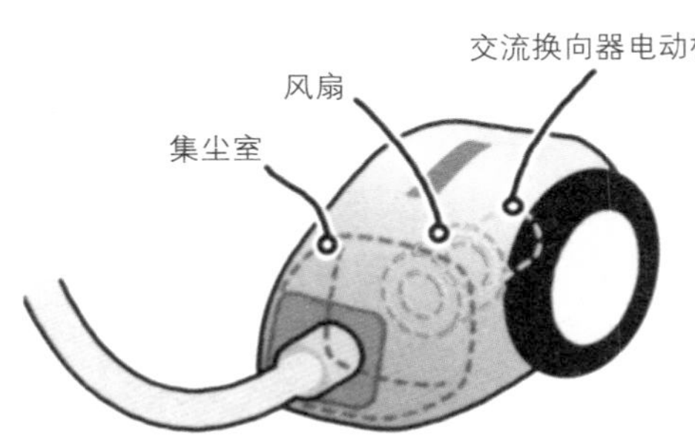

b 电动牙刷

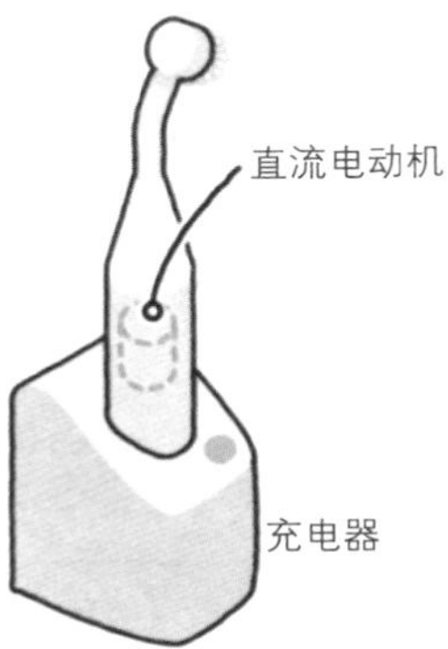

c 电动剃须刀

d 电吹风机

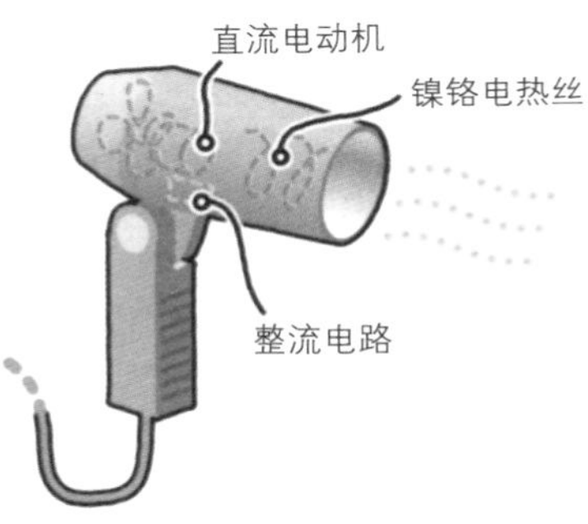

e 手机

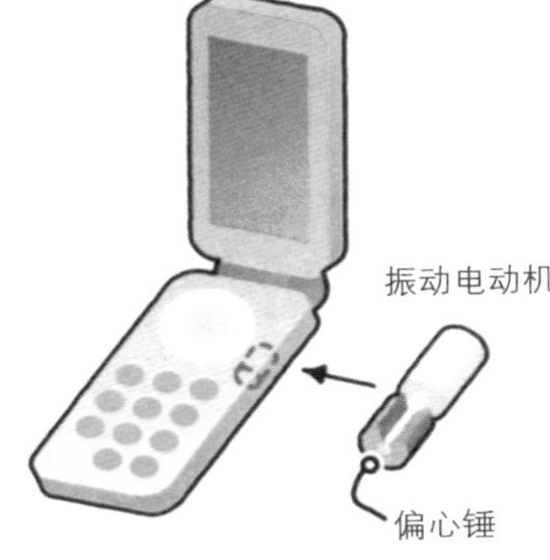

f 摄像机

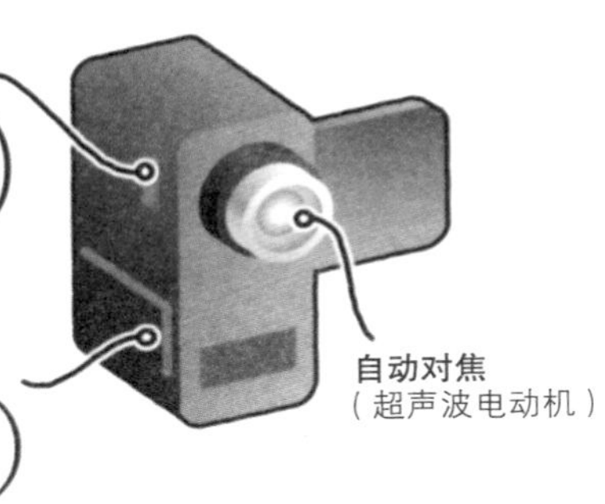

专栏

常用的量和单位符号

本书涉及的主要物理量的符号和单位符号用一览表列出。电压V，电流I是经常见到的物理量符号，但是知道像磁场强度H、磁通密度B的人应该就不是那么多了。本书控制在最少限度范围内给出物理量符号。

物理量	量的符号	单位符号	读　法
电　流	I	A	安〔培〕
电位，电压	V	V	伏〔特〕
电动势	E	V	伏〔特〕
电　阻	R	Ω	欧〔姆〕
电　抗	X	Ω	欧〔姆〕
磁场强度	H	A/m	安〔培〕/米
磁通量	Φ	Wb	韦〔伯〕
磁通密度	B	T	特〔斯拉〕
磁导率	μ	H/m	亨〔利〕/米
电容量	C	F	法〔拉〕
相位差	Θ	rad	弧度
有功功率	P	W	瓦〔特〕
无功功率	Q	var	乏
视在功率	S	VA	伏安
热　量	Q	J	焦〔耳〕
力	F	N	牛〔顿〕
转　矩	T	N·m	牛〔顿〕·米

电动机的基础知识及应用

电动机是把电能转换为机械能的机器。
在这里我们探讨一下作为清洁能源倍受人们关注的电能。
同时分析电动机和周边生活之间的关系。
在能源危机下，电动机所受到关注的内容。
另外，通过小型电动机了解一下电动机的基本用语。

015 到底什么是电机（马达）？

电机是我们生活中经常见到的熟悉的机械中的一种。但是，电机（马达）这个词本身指的是电动机、发动机和原动机等“动力设备”意思。不是单指电动机，本书中涉及的电机绝大部分是电动机：是用电工作的机械，做转动、移动、振动等机械运动。为了跟使用液压的“液压马达”区别开来，有时候叫作“电动马达”。

在电路中流过电流，会产生热、光、磁场，发生各种各样的现象。产生持续的电流的力叫作“电动势”。“电动势”是电能的能量源。例如，电炉中通过电流的话，产生热，这种现象可以理解为“电能转换为热能”。另外，在电磁铁里通过电流的话，可以吸铁和镍，通过电流可以吸引物品的现象是“电能转换为机械能”的表现。

在转动的电动机上安装风扇叶的话，成为电风扇可以产生风。如果电动机安装在滑轮上的话，可以吊起、移动物品。这些都是电动机产生机械能的现象。总之，电动机可以理解为是“把电能转换为机械能的装置”。

另外，电动机不仅仅能实现转动，利用电磁铁的吸引和排斥而实现直线移动的电动机（直线电动机）也已经实用化了。直线电动机是把电能转换为机械能，做直线运动。传声器（话筒）是通过在线圈中流动的电流发出声音的机械，也可以理解为电动机的一种。

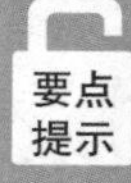

●电动机是“将电能转换为机械能的装置”

图1 电流的作用

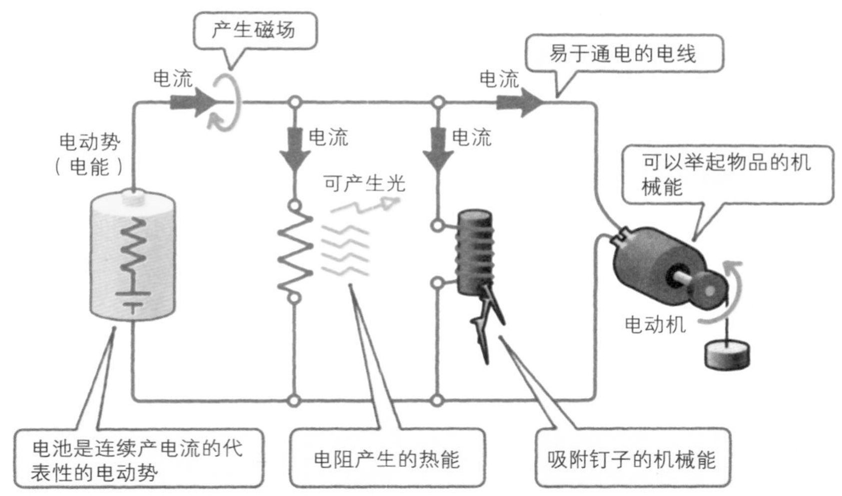

图2 各种各样的电动机

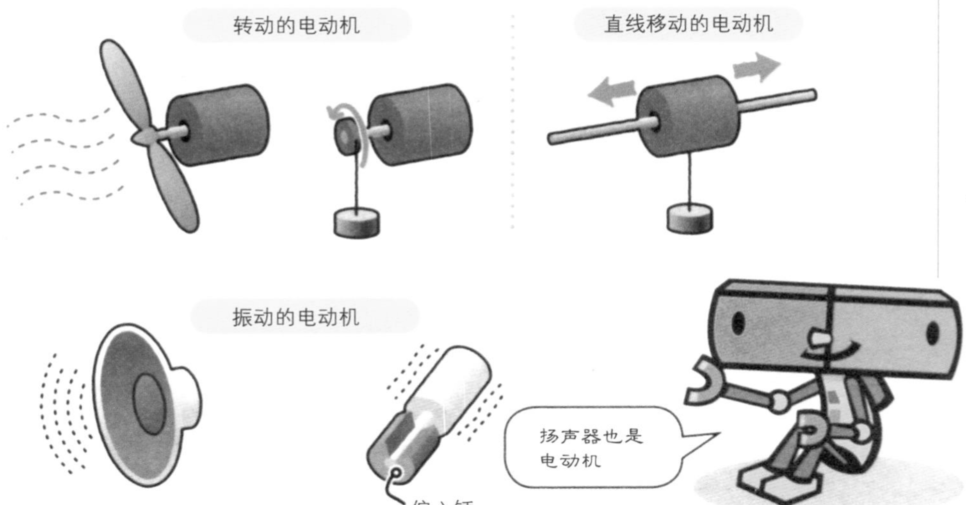

名词解释

直线电动机→可以直线移动的电动机

电动势→如电池、可以产生持续的电流的动力

016 作为清洁能源的电能

电动机几乎无振动、噪声小也不会污染环境。电能成了清洁能源的代名词。如何得到电能成为重要的课题。

电力公司以核能发电、水力发电、火力发电为主。用各种各样方法确保向社会提供电能。其中，排放二氧化碳（CO_2）最多的发电方式是火力发电，在日本大约占30%。多数火力发电厂，考虑到环境因素，改用天然气（LNG）作为燃料，减少二氧化碳的排放量。核能发电在安全及核废料的处理对环境污染方面是主要课题。水力发电则担心大坝的建设等对环境的破坏及对河流等自然环境的影响。

自家发电常用的有汽油发动机、柴油发动机。这些使用的是化石燃料，二氧化碳的排放是无法避免的，同样担心对环境有影响。受人关注的太阳能光伏发电，在设备制造时排放一定量的二氧化碳，但是在发电过程中根本不排放二氧化碳，可以缓解白天电力需求高峰的压力，虽然引入费用高，但由于安装和维护容易、安装在屋顶等优点，所以需求在不断扩大中。最近的能源危机中，风力发电也受到关注，在日本国内想得到稳定的风力相当困难，但是因为可减少二氧化碳的排放，所以也可以看到正在运营的风力发电厂。

如上所述，今后的时代如何不使用化石燃料、环保地获得电能会变得非常重要。

要点提示

● 电动机几乎无振动、不出声音也不会污染环境，因此被称为环保的机械

图1 如何得到电能

风力发电

电力公司

电力供应

太阳能光伏发电

核能发电

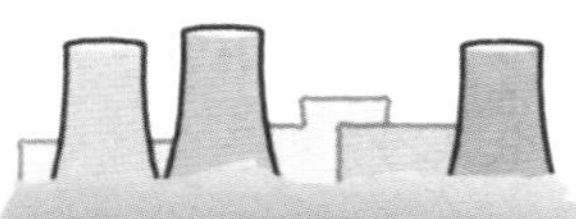

017 直流和交流这两种电动机维持着现在的舒适生活

使电动机工作的电能大体分为电力公司等生产的交流电和由干电池、蓄电池之类的装置提供的直流电。工厂、百货公司等直接引入交流电，使用大型电动机、照明等消耗很多电能的场所也都用交流电。还有家庭中的负载绝大部分也是使用交流电。

家庭中的录像机、微型组合音响等中使用的小型电动机多数用直流电动机。交流电动机一般使用在冰箱、洗衣机、吸尘器、电风扇等需要稍大动力的家电中。

学校的储水槽、游泳池中的供水泵、舞台的暗幕和厚幕、投影机的银幕等上下移动的结构中使用都是交流电动机。大型钟表中一般使用步进电动机。

车站内的售票机、自动检票机中使用伺服电动机、步进电动机、交流感应电动机等，多数使用小型电动机。另外，电车使用大型直流电动器。新干线、最近的新型车辆使用感应电动机。

汽车、摩托车大多使用直流电动机。例如，起动发动机时的起动器、雨刷器、冷却风扇、电动车窗、动力转向装置、电动遥控后视镜也是使用直流电动机。代替发动机使用交流电动机的电动汽车和使用无刷直流电动机的电动自行车也问世了。

新干线、东京都的新交通系统“赤味鸥号”等可以理解为大规模的电动机控制系统。当然，建筑物内的电梯、自动扶梯也是由电动机组成的控制系统。电动机自身来讲是没有任何功能的机械系统。

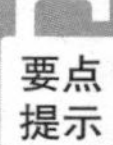

- 有用直流驱动的电动机和用交流驱动的电动机
- 电动机控制系统支撑着我们的生活

图1 交流电动机和直流电动机的使用方法

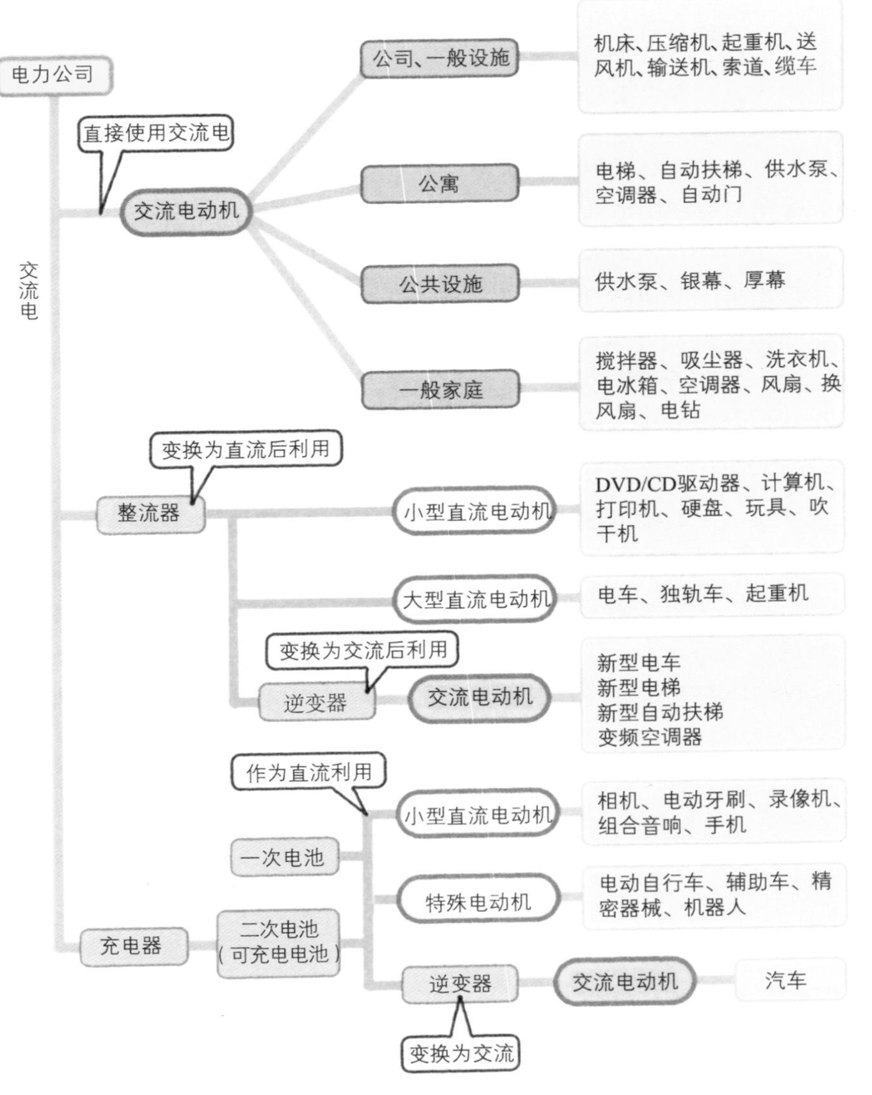

018 电动机因使用电能、驱动原理和结构的不同有多种类型

电动机根据电能、驱动原理、结构等分类。作为动力源的电能大体分为直流电和交流电。

直流电动机为了改变电流的方向，大部分的电动机需要换向器和电刷。电动机运转用的磁场的产生方法有，使用电磁铁和使用的永久磁铁。使用电磁铁的电动机，根据电磁铁上的绕组的使用方法，分为①串励电动机、②并励电动机、③复励电动机三类。使用永久磁铁的电动机有①小型直流电动机、②无铁心电动机等电动机。

交流电动机几乎都是利用“旋转磁场”的电动机，根据驱动原理的不同，大体分为：①感应电动机和②同步电动机。顺便说一下，③交流直线电动机是使感应电动机、同步电动机可以直线移动的电动机。另外，还有叫作“串励电动机”的，是用交流旋转直流电动机的④变种的交流换向器电动机。这是个交直流两用的电动机，是有点不可思议的电动机（后文中说明）。

用在洗衣机上的无刷电动机和用在打印机上的步进电动机简单地加电压是无法起动的。这类电动机为了起动，需要电子电路、传感器的协助。这种协助电动机接近旋转目标的过程叫作“控制”。

不使用电磁作用的电动机中，有超声波电动机。超声波电动机由陶瓷之类的非磁性体构成。另外，用液压力旋转的液压马达使用在游乐场，铲斗车等重型机械上。

要点提示

- 存在无控制器和无旋转的电动机
- 交流换向器电动机作为交直流两用电动机使用

图1 电动机的种类和用途

电动机

电动机	种类	主要用途
交流电动机	感应电动机 同步电动机 用交流工作的特殊电动机（直线电动机等）	利用旋转磁场的电动机 ・空调器・洗衣机・风扇・换气机 ・电车・电梯・自动扶梯 ・索道・有轨缆车 ・汽车・起重机・机床 ・高速运转的交通工具・工厂自动化
	（交流换向器电动机）	
直流电动机	使用电磁铁的电动机（大型） 使用永久磁铁的电动机（小型）	需要换向器・电刷的电动机 ・电车・单轨铁路・吸尘器 ・机床 ・录像机・电吹风机 ・电动剃须刀・电动牙刷・玩具
	用直流工作的特殊电动机（无刷电动机等）	需要控制的电动机 ・机器人・精密机械・计算机 ・打印机・硬盘
其他电动机	超声波电动机	不需要磁场作用的电动机 ・摄像机・数码相机
	液压马达	利用液压驱动 ・游乐园・大型重型机械

名词解释

旋转磁场→磁场方向随着时间变化而旋转的磁场

换向器→改变流过电动机内的绕组的电流的方向，转动在相同的方向

019 小型直流电动机的基本结构

小型直流电动机使用在儿童玩具等地方，所以可以经常见到。这种电动机比较容易拆卸，通过这种电动机来看看小型直流电动机的结构。

拆开电动机的托架，在其内部可以看到旋转部分（见图1）。旋转部分叫作“转子”，由①转轴、②换向器、③电枢铁心、④电枢绕组等构成（见图2）。

电枢铁心是由叠加几层叫做硅钢片的铁片做成的。这么做的理由是因为电枢绕组通过电流后，会产生后述的涡流；这样做可以减少因涡流所造成的损耗。电枢绕组是由在导电的导线上涂有绝缘涂料的漆包线（用磁漆或聚乙烯醇缩甲醛做绝缘处理）制成的。电枢铁心被设计成带有凹槽，在槽中的突起部分缠绕的是漆包线。照片中的电动机上有三个凹槽，可以缠绕三个电枢绕组。三个电枢绕组分别连接着三个换向器，并且由电刷供给电流。另外，换向器和转轴用绝缘材料隔断。

电枢的外侧有永久磁铁固定在电动机外壳上的磁轭。这种固定不动的部分叫作“定子”。构成定子的部分有托架、电刷。电刷的材料具有接触电阻小、磨耗少、耐机械冲击等特性。一般使用碳、石墨作为电刷主成分的材料。接在电枢绕组上的电容器可以消除从换向器和电刷产生电气噪声。

要点提示

- 电枢铁心由叠加几层容易磁化的硅钢片制成
- 电刷的材料使用接触电阻小的碳、石墨作为主成分的材料

图1 小型直流电动机的结构

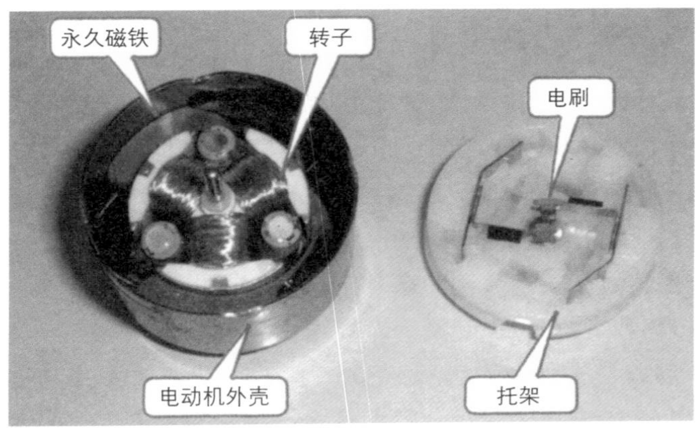

图2 小型直流电动机的转子

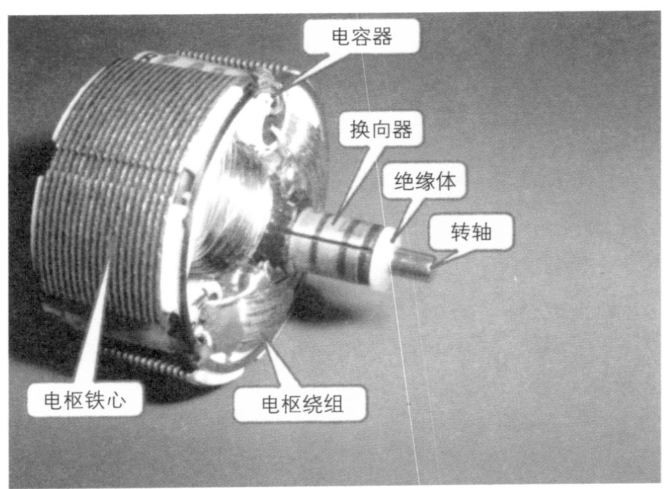

名词解释

托架→电动机的轴和电刷的支撑部分，一般小型电动机的托架使用塑料制成

绝缘体→不导电的材料

020 什么是“转矩”？

转矩对汽车是非常重要的。那么观察一下汽车一边挂档一边加速的过程。起初是动力大的低速齿轮，其次切换到第二齿轮，最终到动力小但是速度快的高速齿轮。汽车上的齿轮在转矩大的状态下，其爬坡力大。而在高速齿轮时，处在转矩小的状态下。

一般而言，转矩用转动力来表示。

如图1所示，转矩只用表示力的大小的F是无法确定的。跟物体旋转时，作用力和支点间的臂长L有关。因此，即使用大的力做功，作用点不好的话，无法产生转矩。特别是支点在转轴上不管用多大的力，也不会产生转矩。

而且，即使是相同转矩的电动机，根据安装在转轴的带轮的半径不同，可以举起的货物的重量也不同。带轮的半径小的场合，可以举起重物，但举起速度会变慢。这是因为货物是由使用带轮的电动机产生的转矩来承担。半径小的带轮相当于汽车的低速齿轮，半径大的带轮相当于高速齿轮。

电动机的转矩用离转轴远端的点上做功的力的大小来表示。例如，半径为1cm的带轮可以举起的最大重量为1kg时，这个电动机的转矩非法定单位为1kgf·cm。力的法定单位用N（牛顿）的话，转矩的单位成为N·cm。如果距离的单位用m（米）的话，转矩的单位成为N·m。

关于单位的详细说明请参照第1章的专栏（38页）。

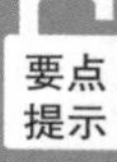

●转矩也被称为“转动力”，是表示使物体转动的力

图1 转矩由力和支点到力的作用线的垂直距离（力臂）决定

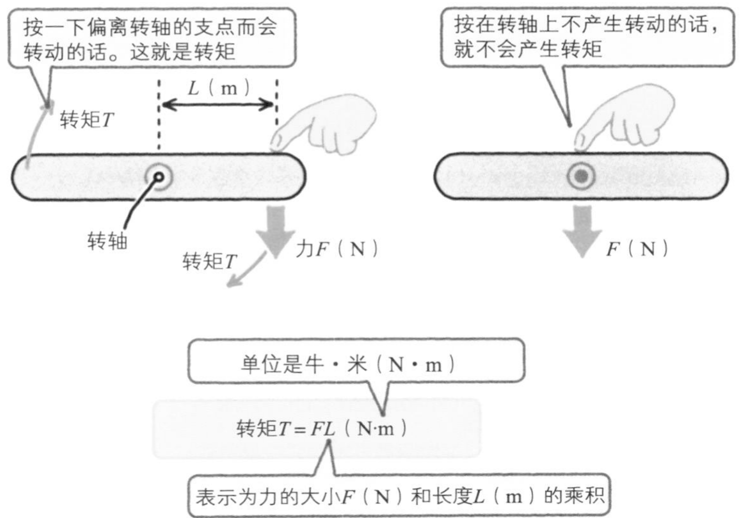

图2 电动机的最大转矩

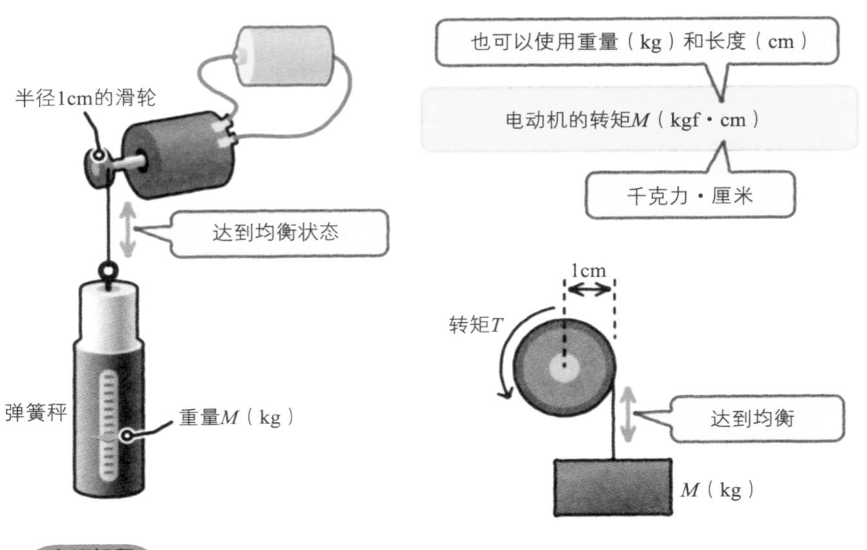

名词解释

F牛顿（N）→力的单位符号

021 电动机的转速和电压、电流的额定值

电动机的转速一般用1min内转动的次数表示。转速的单位是r/min或rpm（revolution per minute，每分钟转数）我国采用r/min。如果用1s内的转数的话，单位是rps（revolution per second，每秒转数）我国采用r/s。

图1a所示为电动机的转速的测定。这种测定是用光学测速仪进行的，无需接触就可以知道转速。也有像图1b所示，在转轴上安装小型测速发电机来测定转速的方法。这种方法会对电动机的转速多少会有影响。

实际用的电动机有电压、电流、输出功率、转速等电或机械的量。对不同使用要求，有不同的值，标准规定数值叫作“额定值”。例如，加到电动机上的电压表示为“额定电压”。这个额定电压表示是电动机使用时可承受的电压值。同样地也有“额定电流“。通常使用电动机时，要保证额定电压和额定电流这两个值。

让电动机做功叫作加负载。加负载的话电动机中会流过支持这个负载的相应的电流。这个电流叫作“负载电流“。额定电压下，电动机不做功，且空转时的转速叫作“空载转速”（见图2a）。

如果是汽车的话，跟在空档状态下踩上加速踏板一样。电机连续工作时，流过的负载电流不烧损线圈的最高电流限值叫作“额定负载电流”。如果确定额定负载电流，如图2b所示就可以确定“额定转速”。

要点提示

- 转速通常使用1min旋转的次数
- 负载是电动机承载的荷重，表示电动机做功

图1 转速的测定

a 使用光学式转速测定仪测量转速　　b 使用测速发电机测量转速

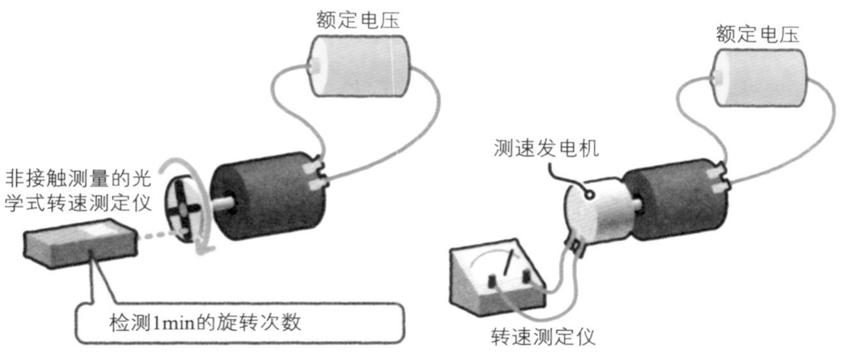

图2 空载和额定负载

a 空载转速

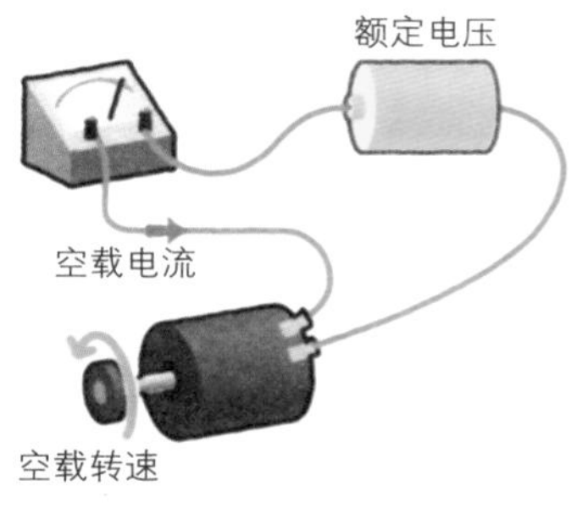

转速	r/min或rpm（每分钟转数） r/s或rps（每秒转数）

b 额定转速

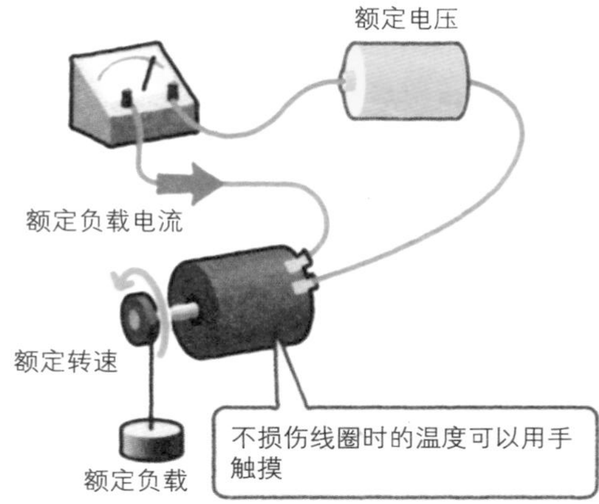

名词解释

r/min或rpm→每分转数（revolution per minute）

r/s或rps→每秒转数（revolution per second）

022 电动机效率低的原因及提高方法

和电动机的“效率”相似的有汽车的油耗比。油耗比表示燃料（汽油、轻油）1L可跑几千米。表示的是1L汽油的能量，多大程度上不浪费地转换成机械能，得到的机械能如何不浪费地使用在车辆的推进上。中间过程的浪费没有的话，则是理想的能量转换。

对于电动机，供给的能量是电能。供给的电能如何不浪费地转换成机械能，这个就是用电动机的效率来表示。因此电动机的效率表示的是供给的电能中被转换为机械能的百分比。但是中间过程有浪费的能源损耗的话，油耗比和效率都会被降低，这一点上两者是相似的。换种说法：电动机的效率是输入的电能中，输出的机械能所占的比例。效率低的电动机发热多和轴的摩擦大，中间过程的损耗比较大，和效率高的电动机相比，一般体积也会大一些。

造成中间过程的无用的能量损耗的原因有：①由绕组内部的电阻产生的发热；②由换向器和电刷的接触电阻产生的发热；③电枢铁心内部的损耗；④转轴和托架间的机械摩擦等。因此，为了提高电动机的效率，在绕组上使用电阻低的电线，使电线内部的电阻变小。在电刷上选择使用接触电阻小的材料，在减少转轴的摩擦方面使用轴承，减少中间过程的损耗。

要点提示

●效率低的电动机的损耗大。为了做相同的功，要把电动机的体积做得大一些

图1 汽车的油耗比

$$油耗比=\frac{行驶的距离}{1L汽油}$$

行驶的距离
1L汽油

图2 电动机的效率

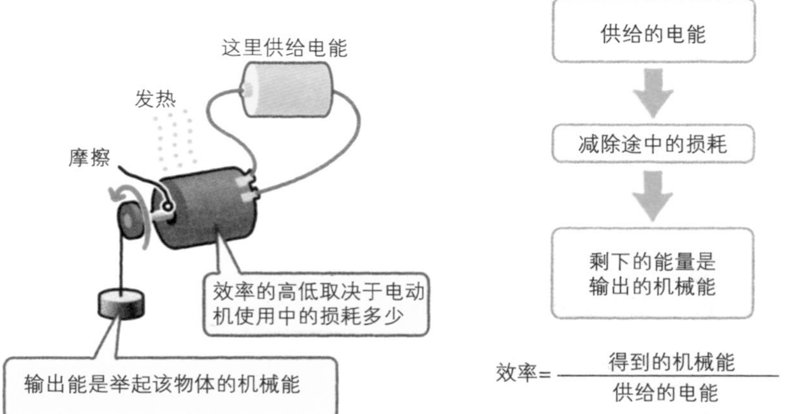
这里供给电能
发热
摩擦
效率的高低取决于电动机使用中的损耗多少
输出能是举起该物体的机械能
供给的电能
减除途中的损耗
剩下的能量是输出的机械能

$$效率=\frac{得到的机械能}{供给的电能}$$

电动机的“效率”是电动机的输出的机械能占供给的电能的百分比

名词解释

电阻率→为了比较各种材料的电阻特性，都使用相同尺寸（如1m^3）的材料测定电阻。金、白金是电阻率最低的金属

专栏

不旋转的振动电动机

说到振动电动机，经常想到在电动机轴上安装偏心块的电动机，这种电动机经常在手机等设备上使用。不过，最近经常可以见到不旋转的振动电动机。下方照片的右侧是以前的在转轴上安上偏心块的振动电动机，由偏心块的旋转引起振动。相对应的是左侧扁平型振动电动机。这类扁平型振动电动机，从外部无法看到旋转部分，实际上使用了扁平线圈内部的平块在旋转。现在手机上可以见到这种类型的振动电动机。

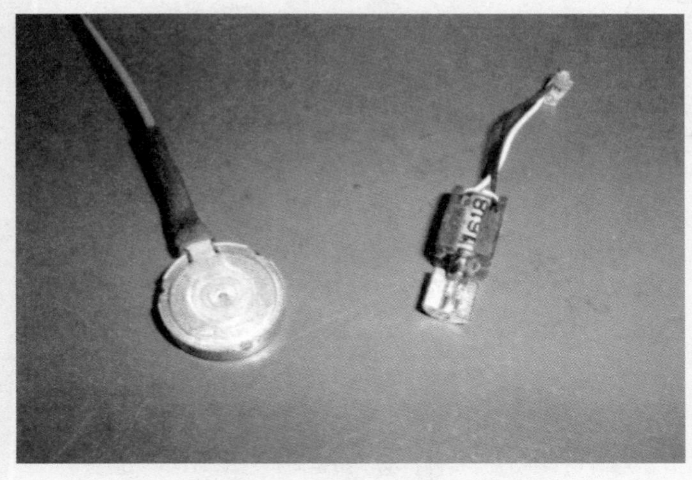

小型振动电动机
新的扁平型（左）
和以前的偏心块型
（右）

电流和磁场的关系

电动机难以理解的原因是，电流是无法看到的，加上磁场也是无法看到的。
如果电流和磁场都可以看到的话，似乎觉得电动机会更加容易理解。
不是难，只是看不见而已。
在这里发挥想象力，分析电流和磁场的关系，知道法拉第和楞次（Lenz）所发现的不可思议的物理现象，就可理解电动机和发电机的基本原理。

023 永久磁铁即使分割为两块也会再次出现N极和S极

我们似乎觉得很了解磁铁，但实际上难理解的地方很多。这里总结一下磁铁和磁力做功的场所（磁场）。

磁铁有如下性质：

1）吸引铁等磁性体（见图1①）；

2）吊起磁棒的话，指向南北（见图1②）；

3）N极和N极，S极和S极相互排斥，N极和S极相互吸引（见图1③）；

4）一块磁铁必定有N极和S极（不存在单极的磁铁）（见图1④）；

5）磁铁有怕热的现象（见图1⑤）。

吊起的磁棒指向南北是因为磁铁对地磁场的反应的结果，众所周知，地球可以看作是大的磁铁。这时，可以观察到吊起的磁棒为了指向南北产生旋转的状况。磁棒旋转说明产生了转矩（旋转力）（可以用指南针确认）。而且，这个现象跟电动机的旋转原理有关系。

另外，分割磁铁为两半，无法只取出N极或者S极。磁铁如果分割为两半，形状成为一半，磁力也变为一半，但是每个磁铁会再次出现N极和S极，成为两块磁铁。

磁性是物质放在不均匀的磁场中会受到磁力的作用，如磁铁和磁铁间的做功的力，由磁性产生的具体的力叫作“磁力”。磁力做功的场所叫作“磁场”，放入磁场的物体带磁性的现象叫作“磁化”。

磁铁如果加热的话磁力会下降（见图1⑤），使用永久磁铁的电动机为了长时间运作，要保证使用的电压和电流的范围，还应注意防止温度升高。

要点提示

●磁铁里不存在只有N极或只有S极的单极磁铁

图1 磁铁的性质

1 吸铁

2 指南北方向

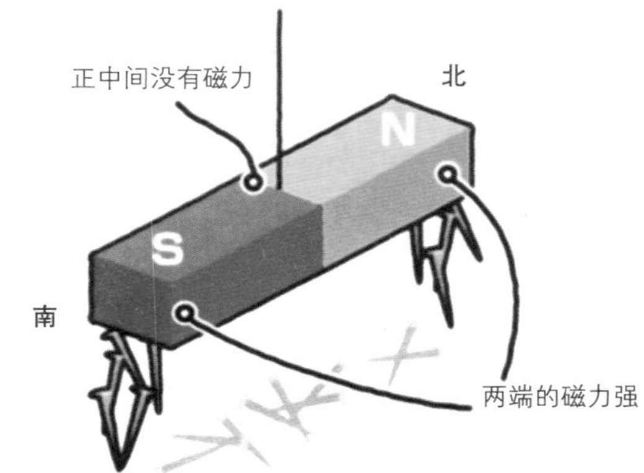

3 同性磁极互相排斥
异性磁极互相吸引

4 不存在单极的磁铁

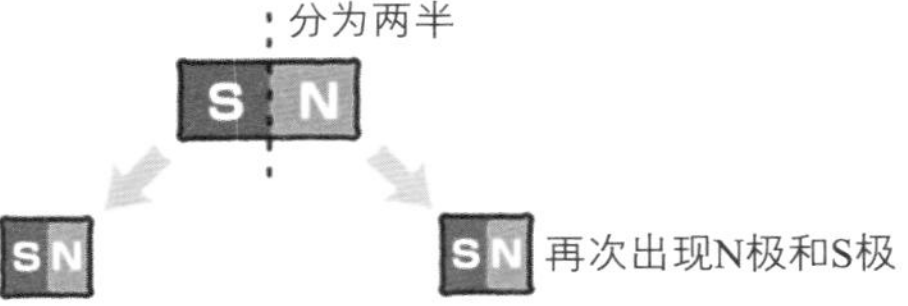

5 磁铁怕热

024 用磁力线表示磁场的强弱

无法看到的磁场，只能发挥想象力理解了。想象一下表示N极到S极的磁场方向的线（磁力线），用线的密度表示磁场的强弱。

磁力线有如下（规则）性质（见图1a）：

1）从N极出来，必定进入S极；

2）N极出来的磁力线的数量跟进入S极的磁力线的数量相等；

3）磁力线的方向就是磁场的方向，磁场方向是曲线的切线方向；

4）磁力线相互排斥、中间无交叉无分岔。

如果中间有磁性体或磁铁的话，磁力线会在容易通过的地方通过。N极和N极相对的话，磁力线会相互排斥（见图1b）。N极和S极相对的话，从N极出来的磁力线会通过另一个磁铁中，会相互吸引（见图1c）。

一定面积内的磁力线用通量表示，就称为磁通量。磁力线的数量多的地方，磁通量的密度就高，同时这个地方的磁力也强。N极和S极的末端附近磁通量的密度高，是磁力强的地方。

磁场中放置的指南针受到使自己的磁力线和磁铁的磁力线的方向一致的转矩而旋转，在相互的磁力线一致的角度安定下来而静止。这种状况是对地磁场有反应的指南针，与吊起的磁棒指向南北是一样的。对近处的大的磁场做出反应，指南针受到力矩。不管是哪一种，相互的磁力线方向一致时，旋转会停止。换句话说，向磁力线一致的方向受力。

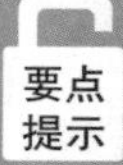

●磁力线会在容易通过的地方通过，N极出来的磁力线必定回到S极

图1 用磁力线表示磁场强度

a 磁力线的性质

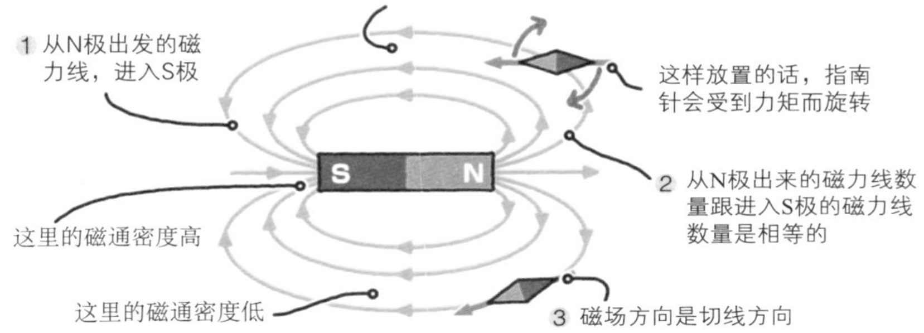
4 磁力线相互排斥，
中间无交叉无分岔
1 从N极出发的磁
力线，进入S极
这样放置的话，指南
针会受到力矩而旋转
S
N
2 从N极出来的磁力线数
量跟进入S极的磁力线
数量是相等的
这里的磁通密度高
这里的磁通密度低
3 磁场方向是切线方向

b N极和N极接近时

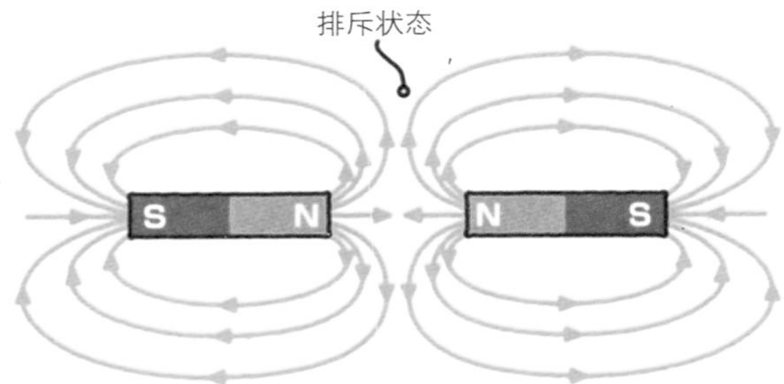
排斥状态
S
N
N
S

c N极和S极接近时

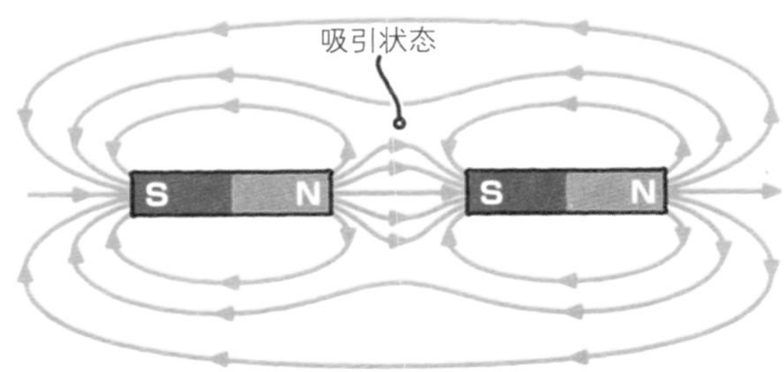
吸引状态
S
N
S
N

名词解释

磁力线→磁场强度用磁力线的密度表示

025 钕磁铁有更强的磁力

磁铁矿出产天然的磁铁。磁铁的原料有铁、钴、镍等。钐、钕等稀土类元素也作为磁铁的原料倍受关注。稀土类元素单独无法显示强磁性，但作为原料可以做成强力磁铁。

KS钢是含有铁、钴、钨、铬等的磁钢。

MK钢是掺入铁和镍、含有铝的磁钢。

铁氧体磁铁是氧化铁粉末为主原料的一般的磁铁。这种磁铁的特点：①磁力不是很强，但是持久；②硬度比较高，但易断裂；③不易被药品腐蚀生锈；④因为烧制前是粉末状，可以做成任意形状；⑤电阻大，可以在高频下使用。而且因为价格低、化学性质稳定，所以被应用在多种用途上。

铝镍钴合金磁铁是铝、镍、钴等为原料的金属磁铁。

钐钴磁铁是由钐（稀土类元素）和钴构成的磁铁，具有强磁力。跟钕磁铁相比：原料的产量少、价格高，有高耐腐蚀性，具有在200℃高温下仍然可以使用的温度特性。

钕磁铁是钕（稀土类元素）、铁、硼为主要成分的稀土类磁铁的一种。在众多磁铁中磁力最强，跟其他稀土类磁铁相比价格低。因为含铁容易生锈，通常会在表面上进行电镀。此外，由于受热时磁力减弱明显，使用条件要低于80℃。

粘结磁铁是在铁氧体粉末中混合橡胶、塑料做成的磁铁。它的弹性好，多在磁铁片等方面应用。

要点提示

- 稀土类（rare earths）磁铁具有强磁力
- 钕磁铁具有强磁力，但不耐热

图1 永久磁铁的分类和主要用途

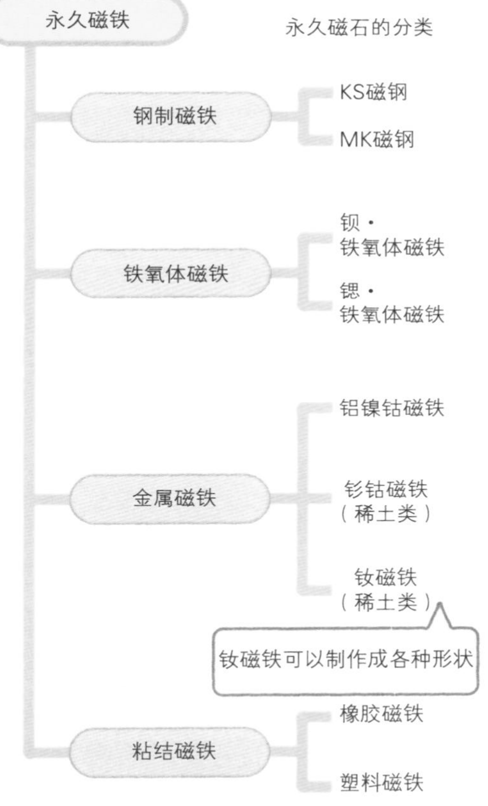

永久磁铁	永久磁石的分类	主要用途
钢制磁铁	KS磁钢 MK磁钢	各种教学材料
铁氧体磁铁	钡·铁氧体磁铁 锶·铁氧体磁铁	各种电动机、发电机、扬声器、各种吸附、去除铁粉、鸟害对策、磁性保健用品
金属磁铁	铝镍钴磁铁	各种仪表、计量仪器类、积算电能表、安全设备、通信设备、乐器用传声器
	钐钴磁铁（稀土类）	各种电动机、小型发电机、扬声器、传声器、磁性联轴器、装饰品、保健器械、电子锁、玩具
	钕磁铁（稀土类）	各种形状的电动机、磁轴承、医疗器械、装饰品、电子部件
粘结磁铁	橡胶磁铁	玩具、教学材料用的磁铁片、各种广告用磁铁片
	塑料磁铁	电冰箱门封条、家庭用品、文具类

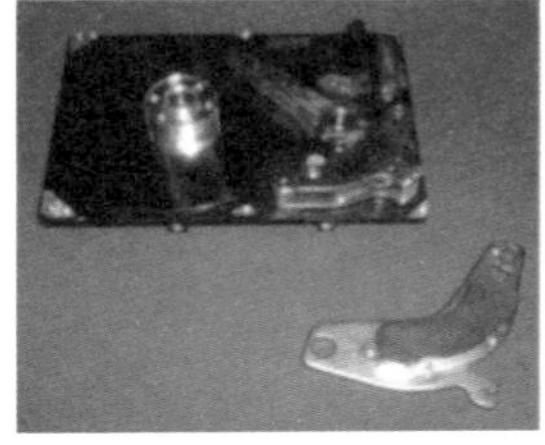

硬盘中使用的强力钕磁铁（正前方的）

吸附用的铁氧体磁铁、磁铁片、橡胶磁铁

名词解释

强磁材料→铁、钴、镍等、易于强磁化的物质

稀土元素（rare earth elements）→地球上稀少的元素

026 电池电流的用途

电池有一次电池（也称原电池）、二次电池（也称充电电池）两类，电池流出的电流方向是一定的，大小也不会变。这种电流叫作直流电（Direct Current，DC）。

一次电池把内部的化学能量作为电能用完以后，即使外部供给电能也不会恢复到原来的状态。一次电池有：①锰电池、②空气锌电池、③碱性锰电池、④汞电池、⑤氧化银电池、⑥锂电池、⑦标准电池等。

二次电池把内部的化学能量作为电能用完以后，如果外部供给电能，会恢复到原来的状态可以重复使用。从电池取出电流的过程叫作“放电”。相反，向电池供给电流的过程叫作“充电”。二次电池即使放电结束了，如果充电的话依然可以再次使用。二次电池有①铅蓄电池、②碱性蓄电池、③镍氢电池、④镍镉电池、⑤锂离子二次电池等。另外，燃料电池，太阳电池也是电池的一种。太阳电池受到太阳光的强弱影响，难以得到稳定的电动势，但是因为发电中完全不产生二氧化碳，所以是环保的电池。

电流的发热是由电阻引起的。电流引起的发热现象，应用在电热器、电热毯、干燥机上。在电动机的绕组、铁心中也可以见到电流引起的发热，但这是电能的损耗。

电流产生的热量：“电流二次方乘以电阻”。这是英国的物理学家焦耳（James Prescoff Joule，1818—1889）发现的，叫作焦耳热。如果电流成为2倍的话，焦耳热会成为4倍。

要点提示
- 一次电池是用尽后无法再使用的电池，二次电池是可以重复使用的电池
- 手机中使用的是锂离子二次电池

图1 电池的种类

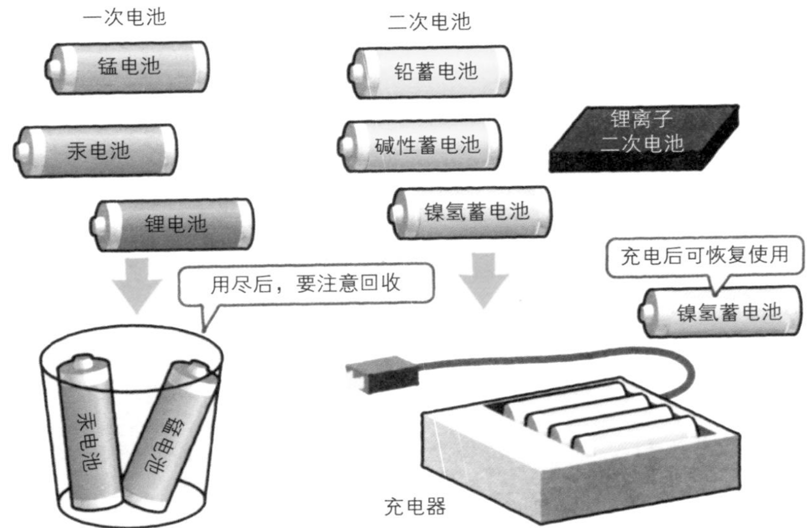

图2 电流的发热作用

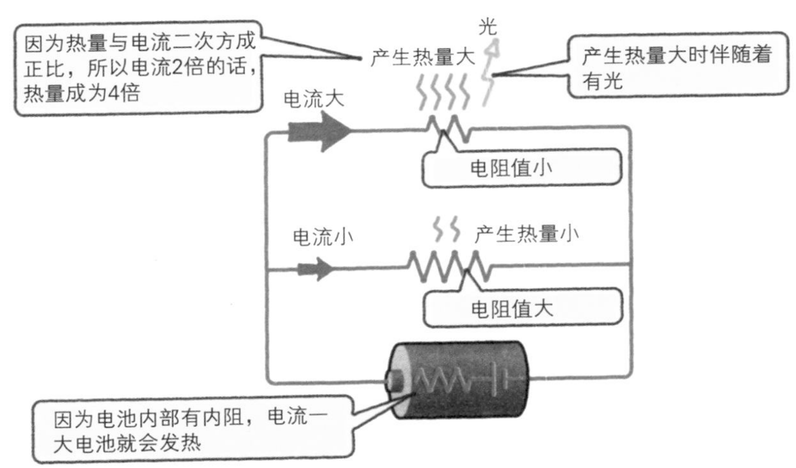

名词解释

焦耳热→1A电流流过1Ω电阻时，1s内所产生的热量

1J（焦耳）热量→相当于0.24cal（卡路里）

027 右手定则：电流和磁场的关系

电线里如果通过电流，周围会产生磁场。法国的物理学家安培（Andre-Marie Ampere，1775—1836）将右旋螺纹前进方向比作电流，旋转方向比作磁场。这就是众所周知右手螺旋定则。

通电直导线安培定则（安培定则一）：用右手握住通电直导线，让大拇指指向电流的方向，那么四指的指向就是磁感线的环绕方向；通电螺线管中的安培定则（安培定则二）：用右手握住通电螺线管，使四指弯曲与电流方向一致，那么大拇指所指的那一端是通电螺线管的N极。这个规则就是安培定则，也叫右手螺旋定则（注：本段话为译者所加）。

将电线绕成圆形成线圈状的话，磁场以线圈为中心，方向都相同。匝数多的话，磁场强度H也成比例增大，线圈内部的磁力线集中而密度也升高。通过一定面积的磁力线用通量表示的话，就叫作“磁通量”（参照024节）。磁通量用密度考虑的情况多，所以用磁通密度B表示。因此，磁场用磁通密度B表示。

图1所示为了表示磁场的方向，放了指南针。指南针产生的磁力线的方向和电流产生的磁场的方向一致的话，指南针的方向就会稳定。指南针放的方向跟电流产生的磁场的方向不一致的话，指南针会受到转矩而转动，在相互磁力线一致的方位上停止转动。这个在理解电动机的旋转原理上非常重要的。

线圈里什么都没有的空心线圈的场合，从磁通（磁力线）的方向可以看出N极和S极。而且，在线圈内放入铁等强磁性体的话，磁通的出口和入口两端可以产生强大的N极和S极的磁力。

强磁性体放入线圈内的话，因为磁通容易通过，线圈内部的磁通密度B会提高数千倍。这个倍率叫作相对磁导率，用μ_r表示。

电磁铁根据铁心构造不同可以变更外形。铁心处在内侧外面缠上线圈，或设置多个线圈。也可以铁心处在外侧，内侧缠上线圈。这种结构是制作电动机的电磁铁时使用的方法，在内侧可以构成N极和S极。

要点提示

- 线圈的匝数增多的话，磁场也成比例地增强
- 从线圈出来的磁力线会全部返回来

图1 线圈内流过的电流产生的磁场

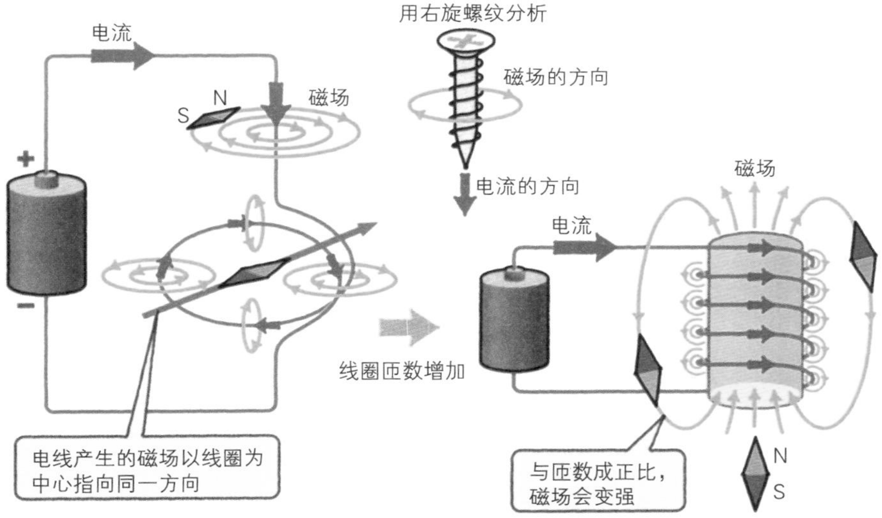

图2 电磁铁的磁场

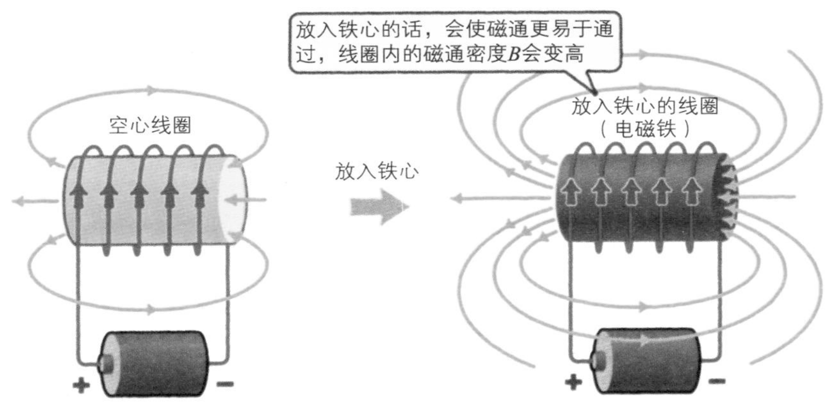

放入铁心的话，磁通的量会增加
增加比率称为相对磁导率

名词解释

相对磁导率μ_r→跟真空（无心线圈）时的磁通密度B比率

强磁性体→铁、镍、钴等，可以易于磁化的物质

028 电磁铁即使断开电池也会残留磁性

电磁铁即使断开电池不知为什么还会保持着磁铁的性质，还留有吸引钉子和图钉的力。这是因为强磁性体一旦磁化了，即使去掉使之磁化的力（电流），磁性还残留在强磁性体里。下面研究一下利用这一现象的电动机。

电磁铁连接电池后，电流流入线圈，产生的磁通磁化铁心（强磁性体）。使铁心磁化的力叫作磁场强度H，跟电流的大小和线圈匝数成比例。电磁铁的电流逐渐加大的话，磁场强度H也逐渐变强。磁场强度H逐渐变强，最终铁心内的磁通几乎不再增加。这种现象叫作“磁通饱和”，这时的磁通密度叫作“最大磁通密度B_m”（最初连接电池的状态（A））。

铁心内的磁通饱和后，这回磁场强度H逐渐变小的话，即使磁场强度H成为零（断开电池的状态（B）），磁通剩余在铁心内，铁心维持被磁化状态。残留在铁心内的磁性，叫作剩余磁通密度B_r。

继续减小磁场强度H（反接电池，使电流逆向流过），铁心内的磁通变为零。这时的磁场强度H叫作矫顽力H_c。进一步减小磁场强度H，磁通达到不增加的状态（饱和状态），到达逆方向的最大磁通密度$-B_m$（C）。再度把磁场强度降为零，还会残留磁性。这是剩余磁通密度，方向跟最初的相反，用$-B_r$表示。继续加大磁场强度H的话，经过使磁性丧失的矫顽力H_c的点，到达最初到达的最大磁通密度B_m（T）。这种通过磁场强度H的增减生成的磁通密度B和磁场强度H的闭合曲线叫“磁滞回线”。

要点提示

●即使切断电磁铁的电流，还会残留着吸引铁的力（残留磁性）

图1 放入铁心的线圈（电磁铁）的性质

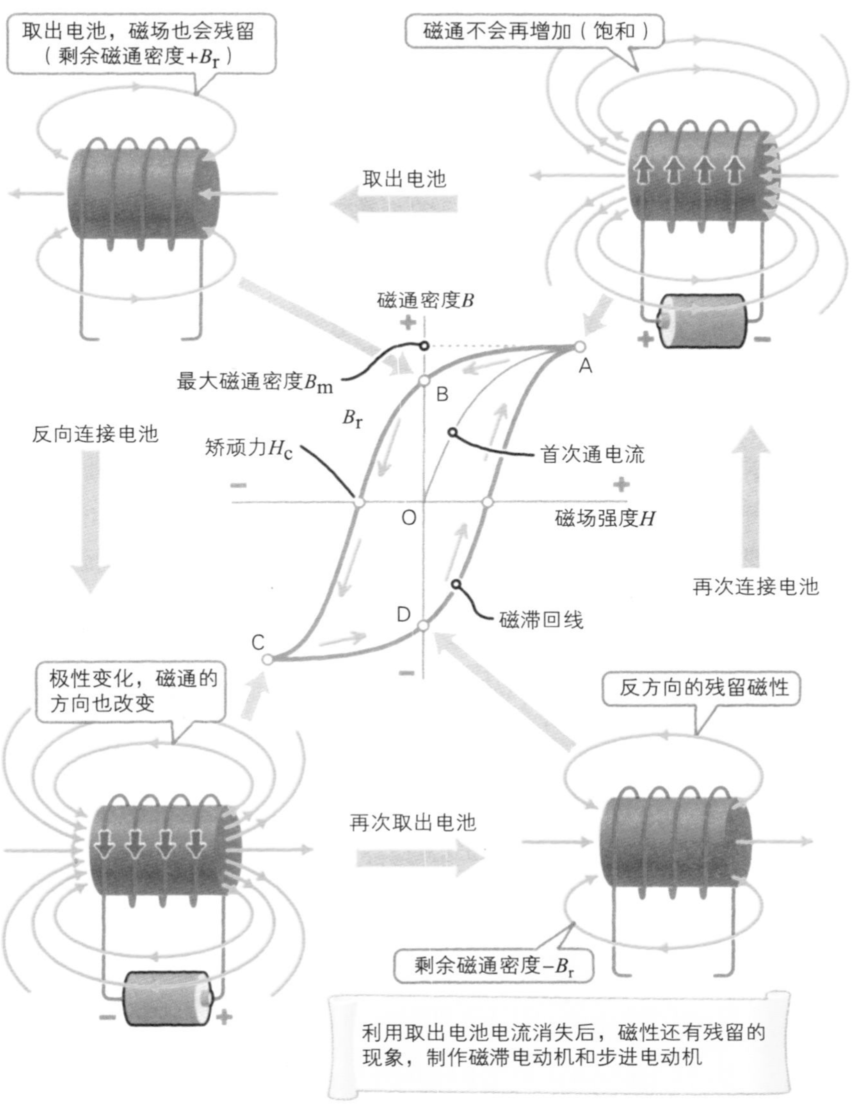

利用取出电池电流消失后，磁性还有残留的现象，制作磁滞电动机和步进电动机

名词解释

磁通饱和→磁通无法再增加的状态

029 变化磁场在线圈内会产生不可思议的电流

在线圈附近移动磁铁的话，线圈内会有电流流通。这可以通过实验验证，没有怀疑的余地。不过我现在也认为这是相当不可思议的物理现象。这一现象是将电和磁之间连接起来的物理现象，也是发电机和电动机的原理。实际上，家庭中常看到的电磁烹调器（电磁炉）也是利用了这一现象。

“电磁感应”：在线圈附近移动磁铁的话，线圈内有电流流通。这个现象是由于线圈内部的磁通变化而产生的，是由英国的化学物理学家法拉第（Michael Faraday，1791—1867）发现的。因为线圈内的磁通变化，线圈内有电流流通。不管多强的磁铁只是放在线圈附近不动的话，是不会有电流流通。要上下移动或者旋转磁铁，必须使穿过线圈内部的磁通量变化。而且产生这种现象，线圈不是必要的，只要是流通电流的东西就可以，与形状没有关系。用电磁铁代替磁铁也一样能使线圈流通电流。

可以通过改变流过电磁铁的电流的大小，来改变产生的磁通的量，进而在线圈内流过电流。简单地确认方法是，接通和断开电磁铁的开关，产生且停止磁通，线圈内就有电流流通。

通过磁通的变化，在线圈内产生感应电动势的现象叫作“电磁感应”，这是发电机和电动机的基础。用铁、铜等容易导电的材料制成的锅来代替线圈，产生的电动势（电流）会使锅自身发热。家电用品中的IH电饭锅、IH烹调电炉等电磁烹调器都是利用这种电磁感应现象的制成的产品。

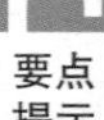

- 电磁感应是发电机、电动机等的工作原理
- 在固定的磁铁附近移动线圈也可以产生同样的电动势

图1 电磁感应的原理

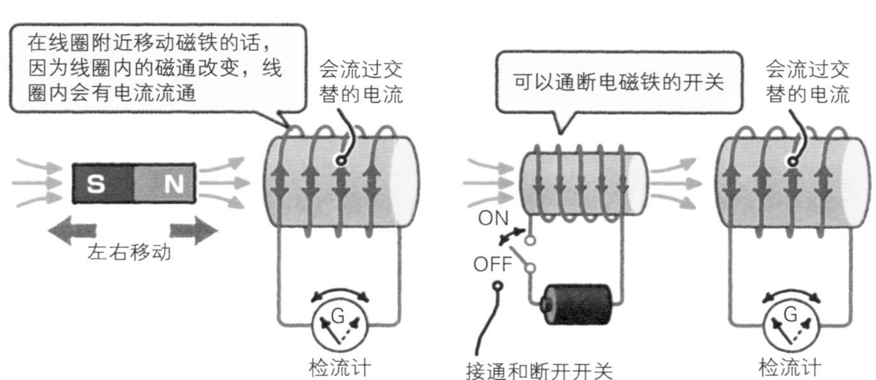

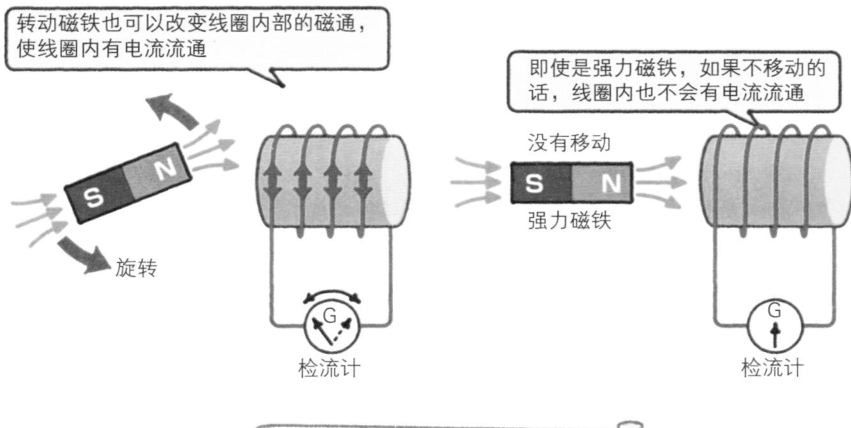

线圈内的磁通变化产生电动势，线圈内流通电流的现象叫作“电磁感应”

名词解释

感应电动势→由电磁感应产生的电动势，在线圈和导体内有流动电流

IH→Induction Heating（感应加热）

030 电磁感应是由法拉第和楞次发现的

前面所提到的法拉第和德国的物理学家楞次（Heinrich Friendrich Emil Lenz、1804—1865）深入了解电磁感应产生的感应电动势。很多人学习了这个历史性的大发现，并传承到现在。

法拉第发现电磁感应现象时，发现感应电动势（电流的大小）与下列因素有关：①与线圈内的“磁通的变化率”成正比；②与线圈的匝数成正比。这就是“法拉第定律”。这里所说的“磁通变化率”是磁通的变化的比例，变化越剧烈，变化率就越大。

如图1所示，在线圈附近快速移动磁铁，流通的电流会成比例地变大。若使用强磁铁的话，即使缓慢移动，所产生的“磁通的变化率”是一样的。另外，产生的电流跟线圈的匝数成正比，如果线圈的匝数变成2倍的话，电流也会变为2倍。

楞次发现了关于流通电流的方向有如下现象。线圈内的磁通增加的话，会在使这个磁通减少的方向上流过电流，相反如果减少磁通，会在使这个磁通增加的方向上流过电流。简单说的话：线圈中产生的电动势总是在阻碍磁通变化的方向上产生。这就是“楞次定律”。

如图2所示，磁铁接近线圈，线圈内部的向右方向的磁通会增加。阻碍磁通增加的方向是左方向。所以线圈内产生的电流其产生的方向向左。相反，把磁铁移到远处，因为线圈内部的磁通减少，线圈内产生的电流其产生的方向向右。

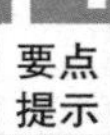
要点提示

- 为了产生电动势，需要变化磁通
- 法拉第定律是关于电动势大小的定律，楞次定律是关于电动势的方向的定律

图1 法拉第定律

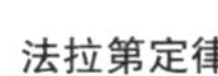

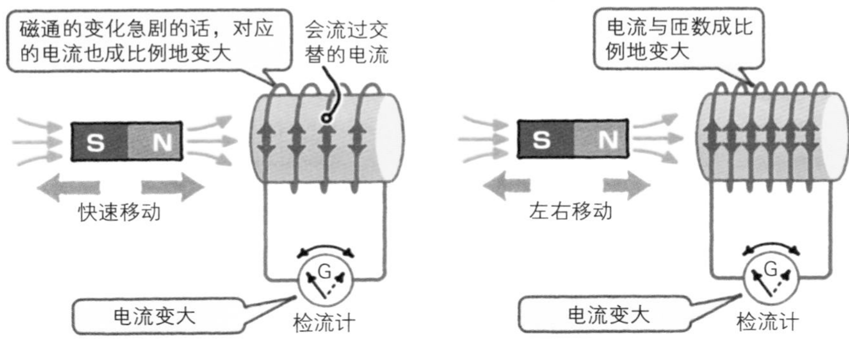
法拉第定律
电动势的大小
①与磁通变化率成正比
②与线圈的匝数成正比
磁通的变化急剧的话，对应的电流也成比例地变大
会流过交替的电流
S
N
快速移动
G
电流变大
检流计
电流与匝数成比例地变大
S
N
左右移动
G
电流变大
检流计

图2 楞次定律

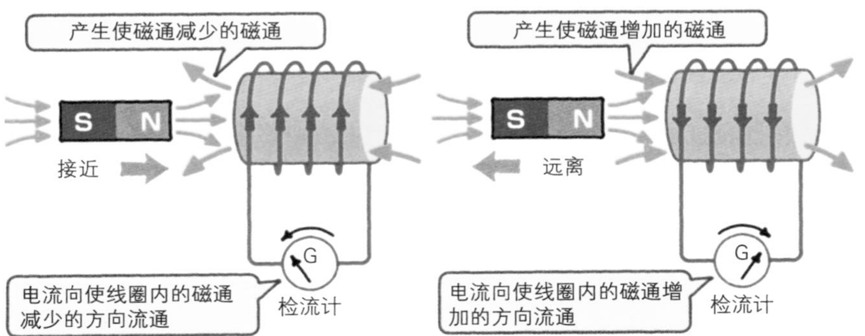
楞次定律
产生电动势的方向是阻碍磁通变化的方向
产生使磁通减少的磁通
S
N
接近
G
电流向使线圈内的磁通减少的方向流通
检流计
产生使磁通增加的磁通
S
N
远离
G
电流向使线圈内的磁通增加的方向流通
检流计

名词解释

磁通的变化率→磁通的变化比率，可以想象为变化的速度

检流计→确认电流的流通和反向的仪器，用符号G表示

031 发电机的原理：线圈中产生的感应电动势

线圈内的磁通变化时，线圈内产生电动势的现象叫作电磁感应。固定线圈，移动磁铁可以产生电动势；相反，固定磁铁，移动线圈也会产生电动势。

例如，一定的磁场内（磁极间：N极和S极之间）插入线圈的瞬间或改变线圈的方向的瞬间，线圈内的磁通会变化，就会产生感应电动势。这里我们将看看在一定的磁场内线圈产生的感应电动势。

如图1所示，把一匝线圈插入磁极间的瞬间，导线里会流过电流。现在，在磁极里从下往上拉起线圈的导线的话，因为线圈内的磁通急剧增加，会流过电流抵消这个磁通。这个电流按照楞次定律规定的方向流过，插入速度越快，流过电流越大。同样，磁通的变化率越大的话，流过的电流也会越大。

我们试着在磁极间放入方形线圈（四角形线圈）并转动。随着转动角度的变化，通过线圈的磁通量也在变化，在线圈内就会产生感应电动势，并流过电流。这种情况，随着线圈的转动角度的变化，通过线圈的磁通量也会变化，产生的电流会时而变大，时而变小。

在转动到180° 的位置时电流方向会发生改变。因为线圈的转动角度变化而产生电流，所以转动角度每发生180° 变化时，电流的方向发生变化，这就是所谓的“交流发电”。这种现象就是发电机的原理。实际上电动机旋转时，电动机的绕组（线圈）内也会产生符合发电原理的感应电动势。这个是了解电动机时需要注意的重要现象之一。

要点提示

- 一定的磁场内，移动线圈就会产生感应电动势
- 为了理解电动机的原理，有必要理解发电机的原理

图1 导线内产生的电动势

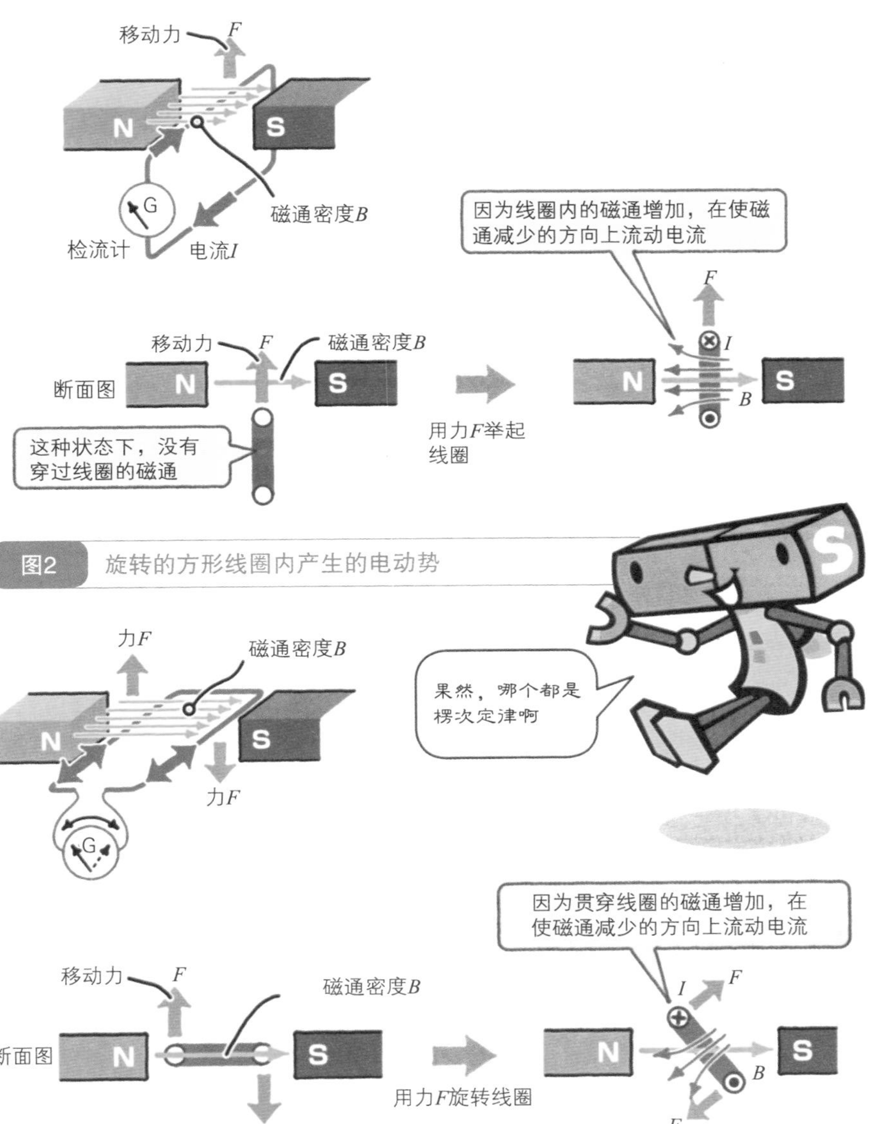

移动力
F
N
S
G
磁通密度B
检流计
电流I
因为线圈内的磁通增加，在使磁通减少的方向上流动电流
移动力
F
磁通密度B
断面图
N
S
用力F举起线圈
I
B
这种状态下，没有穿过线圈的磁通
图2 旋转的方形线圈内产生的电动势
力F
磁通密度B
N
S
力F
G
果然，哪个都是楞次定律啊
因为贯穿线圈的磁通增加，在使磁通减少的方向上流动电流
移动力
F
磁通密度B
断面图
N
S
用力F旋转线圈
F
I
B

名词解释

方形线圈→卷成四角形的线圈

032 在磁场中力对电流的作用

磁铁附近（磁场内）的线圈流过电流的话，会有力对导线（电流）发生作用。这个力就是电动机旋转的原因。

磁铁产生的磁场和电流产生的磁场同时存在的地方，磁场相互作用指向同一个方向，这样磁场关系会稳定下来。贯穿磁极间（N极和S极之间）的导线流过电流的话，导线产生的磁场（按右手定则）会改变磁极间的磁场分布。这时，相互磁场方向一致的地方，磁通密度B变高，磁场方向相反的地方的磁通密度B变低。在这种情况下，导线在磁通密度B高到磁通密度低的方向上受力，导线往向外排挤的方向移动。像这样对磁场内的导线（电流）作用的力F叫“电磁力”，也叫作“洛伦兹力”。

方形线圈放入磁极间，通上电流的话，因为电流的流向是循环的，会产生相互反方向的磁场。如图2所示，磁极间的磁通分布会变得更加复杂。对方形线圈的两边作用力也跟单根导线一样，从磁通密度B高的地方指向磁通密度B低的地方。这样产生的结果，就是方形线圈的两边受到相互反方向的力的作用，方形线圈上会产生转矩（旋转力）。

对放入磁场内的导线（电流）所受的力F向跟磁场方向一致的方向作用，磁通分布发生变化时，由磁通密度B高的地方向磁通密度低的地方的方向作用。线圈端部也会产生磁场，由于跟磁极间的磁通成直角交叉，不会影响磁通分布。所以在线圈端部产生的磁场跟线圈的旋转没有关系。因而，对方形线圈作用的转矩只需考虑线圈边的磁场就可以了。

要点提示

● 电磁力由磁通密度高的地方到磁通密度低的地方的方向对线圈产生作用

图1 对电流产生作用的力

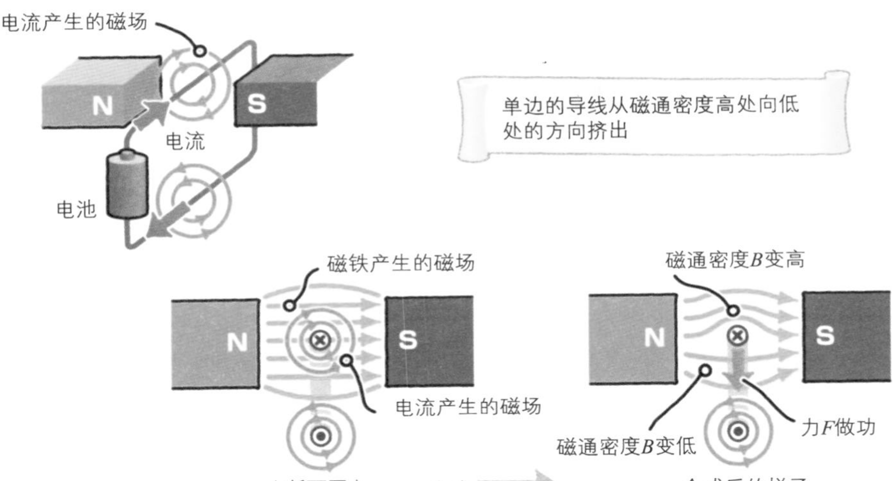

图2 对方形线圈产生作用的力

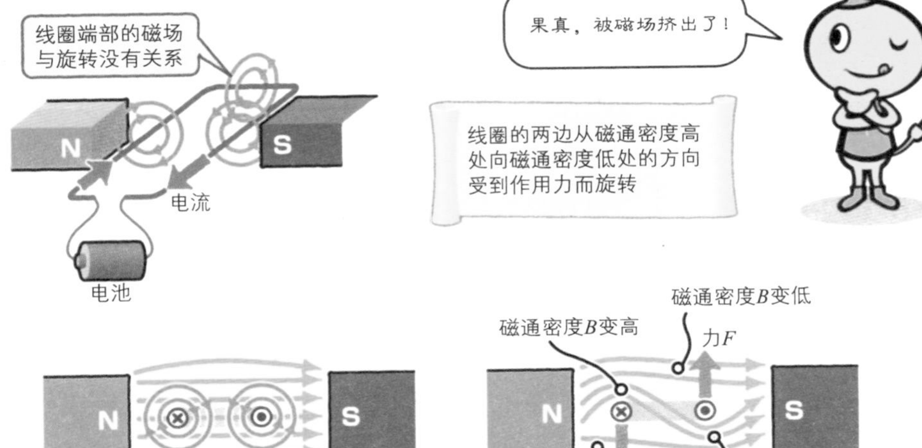

033 弗莱明定则有“右手定则”和“左手定则”

前面提到，把线圈插入磁极间向上提的瞬间，导线里流过电流。放置在磁铁附近（磁场内）的导线中流动电流的话，有洛伦兹力对导线（电流）产生作用。这种现象是由英国的电气技术工作者弗莱明（John Ambrose Fleming，1849—1945）发现的，他所总结的“右手定则”和“左手定则”到现在还在应用。

弗莱明的右手定则：磁场内的导线切割磁通时，导线内就会产生感应电动势。弗莱明发现（见图1）：右手的大拇指、食指、中指相互垂直，食指指向磁通方向（N极到S极的方向），拇指指向导线运动方向，那么中指指向的方向是电流流过的方向㊀。这个叫作“弗莱明的右手定则”。

这个定则在判定发电机和电磁感应产生电流的方向时，非常便利。右手定则在“磁场内移动导线，分析电流流动方向时”会用到。

弗莱明的左手定则：磁场内的导线内通过的电流受到的作用力（洛伦兹力）在相互直角方向时，更加强烈。如图2所示，左手的中指指向电流I的方向，食指指向磁场（磁通密度B）的方向，拇指指向电线受到的作用力F的方向。这叫作“弗莱明的左手定则”。这在分析电动机的旋转方向时非常便利。左手定则在“磁场内的导线流过电流，分析导线受到的力的方向时”会用到。

弗莱明发现的“右手定则”和“左手定则”非常有名，实际上他所发现的真空二极管的整流作用也很有名的。

㊀译者注：中国常用的方法是，右手平展，使大拇指与其余四指垂直，并且都跟手掌在一个平面内。把右手放入磁场中，若磁力线垂直进入手心（当磁力线为直线时，相当于手心面向N极），大拇指指向导线运动方向，则四指所指方向为导线中感应电流（感应电动势）的方向。

要点提示

- 弗莱明的“右手定则”在确定电流的方向时使用
- 弗莱明的“左手定则”在确定导线受到的力的作用方向时使用

图1 弗莱明的“右手定则”

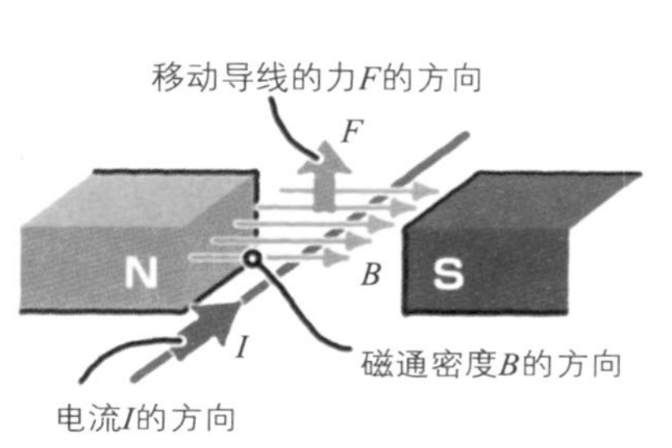

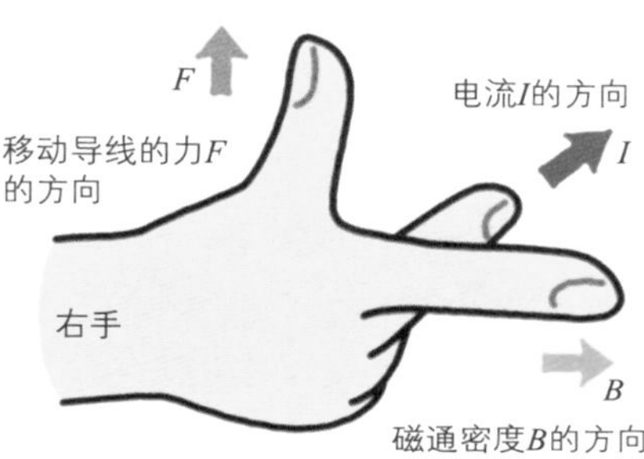

在磁通密度B中用力F移动导线时

知道导线内流过电流I的方向

（知道发电机的电流方向）

图2 弗莱明的“左手定则”

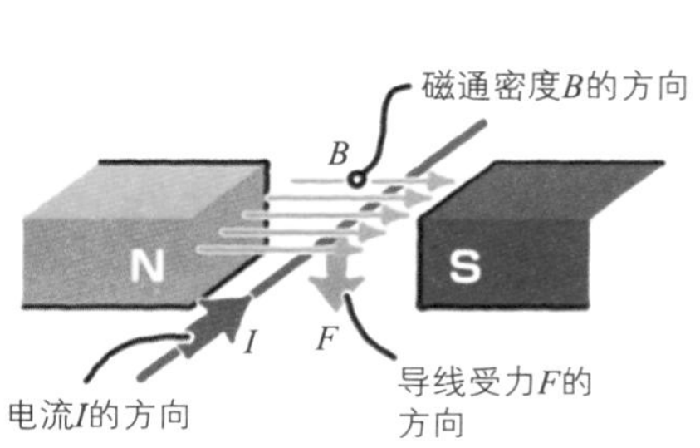

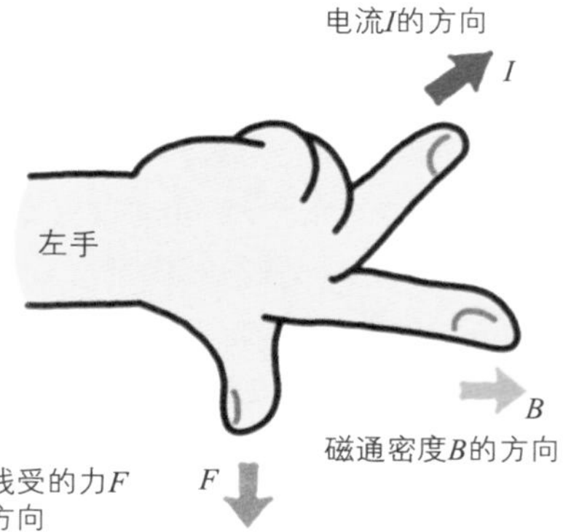

在磁通密度B中的导线内流过电流I时

知道导线受到力F的方向

（知道电动机的旋转方向）

034 电动机的转动原理：磁场内的铁和磁铁受到力的作用

像铁、镍等容易磁化的材料（强磁性体）放入磁场内的话，会受到磁力作用，产生转矩，开始转动。并在磁力达到均衡的地方停止旋转。这里我们将看看放入磁极间的磁场内的铁、镍等磁性体受力及转动的情况。

如图1所示，磁极中间放入铁等强磁性体，磁通会往容易通过的地方转向，磁极间的磁通的分布会发生变化。并且磁通倾向于穿过最短距离。这样的结果是，安装了转轴的强磁性体受到的作用力，成为转矩（旋转力）。这个力在磁极间的磁通分布对称的地方，左右的吸引力变成相等，转矩（旋转力）消失并停止。所以在任何一个地方最大转动90°。这个转动原理在一些需要控制的电动机上被利用。

如图2所示，这次代替磁性体在磁极间放入磁铁，磁极间的磁通分布被相互的磁极变得非常复杂，受到磁力线一致的方向上的力而转动。其结果，最多可以转动180°。这种现象不从磁通的分布，而单从磁极的吸引和排斥分析也可以理解。理解这种磁极的吸引和排斥，对小型直流电动机的转动原理理解起来就更容易了。

如图3所示，安装有转轴的球体或圆柱（圆筒）即使放入到磁极间，转动力也不会有作用。因为即便球体和圆筒转动了，磁极间的磁通分布也一直左右对称，因为所受的吸引力也对称，不会形成转动力。由于电动机的转子是圆柱状，所以不会因形状的原因而产生的转动力。但是，实际上因为有缠绕线圈的槽，磁通分布多少会不均匀，这也是导致旋转不均匀的原因。

要点提示

●磁场内的强磁性体或磁铁会受力而产生转矩（转动力）

图1 对铁作用的磁场的力

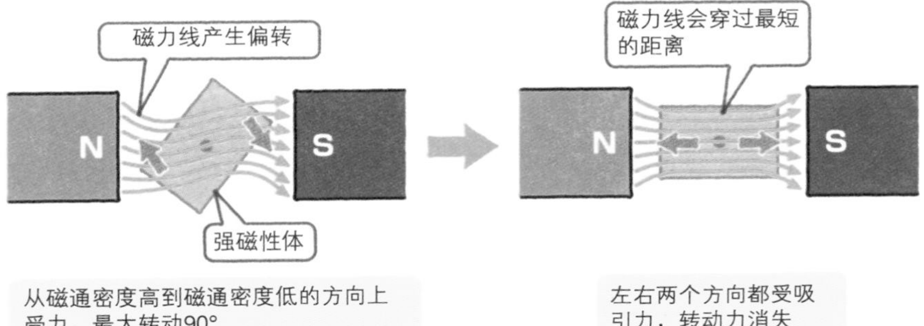

从磁通密度高到磁通密度低的方向上受力，最大转动90°

左右两个方向都受吸引力，转动力消失

图2 对磁铁作用的磁场的力

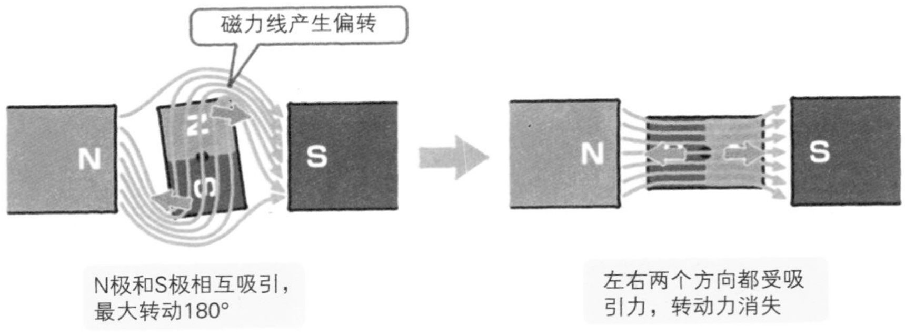

N极和S极相互吸引，最大转动180°

左右两个方向都受吸引力，转动力消失

图3 不产生转动力的形状

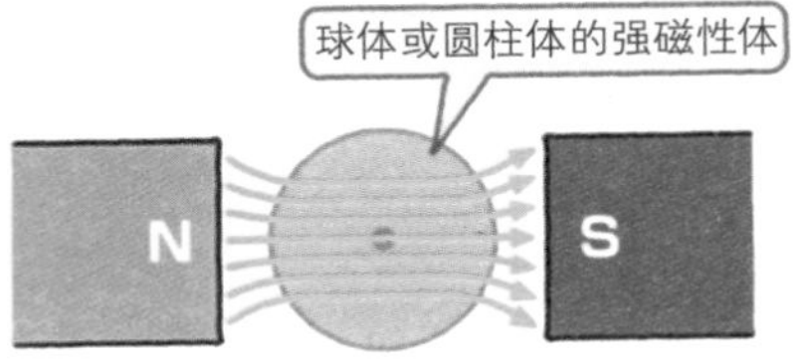

球体、圆柱体即使进入磁场，也不会产生磁力线的偏转，转动力不起作用

专栏

引起电动机革命性变化的钐钴磁铁

个人计算机的硬盘比起过去变小了。车站内的电梯也变得非常紧凑。电动机的小型化是通过使用“稀土类永久磁铁”实现的。钐钴磁铁是在稀土类永久磁铁中跟钕磁铁一样有着强吸引力的磁铁，特别是有着强耐腐蚀性，使它完全没有电镀的必要。

照片显示的是吸附周围的工具的场景。另外，院子里的小石子也可以被吸附。因为有的石子含有少量磁铁矿，这种石子会被钐钴磁铁、钕磁铁吸附。钐钴磁铁有着把周围的工具牢牢地吸附，想取下来都费力的强吸引力。

强永久磁铁可以使电动机小型化，以及高性能化的革命。稀土类永久磁铁与形状无关，但有着各种各样的用途。

吸附周围的工具的钐钴磁铁

直流电动机的结构和作用

小型直流电动机在玩具、塑料模型中经常看到，
是我们所熟悉的电动机。
这里将学习小型直流电动机的基本结构和转动原理，
讲解在电车等中使用的大型直流电动机的结构和特征。
另外，讲解一下调整大型直流电动机转速的方法。

035 永久磁铁产生的磁场和电磁铁产生磁场的原理

直流电动机是因为磁场内的电流所受到的力（洛伦兹力）而旋转的。在电动机内产生磁场的方法有使用永久磁铁和使用电磁铁的两种方法。家庭里经常看到的玩具使用的是小型直流电动机。因为体积小，主要使用永久磁铁。大型直流电动机大多数使用在电车、起重机等大型设备上，为了得到电动机的强磁场大多数使用电磁铁。在电动机内产生的磁场叫作“励磁磁通”。

如图1所示，两个永久磁铁的N极和S极连接变成一个永久磁铁的话，连接后的永久磁铁的两端出现N极和S极，磁铁连接部分是磁力中立地带。因此，小型电动机在电动机外壳的内侧安上相反磁性的永久磁铁。这样的话，电动机外壳成为磁性中立地带。中央出现N极和S极，形成贯穿电枢的磁场（励磁磁通）。

这种由永久磁铁产生的磁场（励磁磁通），与电动机运行无关，一直保持稳定，无法调整磁场的强度。最近随着永久磁铁的制造方法的改进，使用稀土类元素的强永久磁铁被应用到电动机上，可以制造出小型的高效率的电动机。

大型直流电动机使用更加强大的电磁铁形成励磁磁通。因此，通过改变绕组（线圈）内流过的电流来调整磁场的强度，从而调整转速和转矩。如果用电磁铁产生励磁磁通的话，可以根据电枢上缠绕的线圈和电磁铁的线圈的连接方法不同，构成性能（特性）不同的直流电动机。

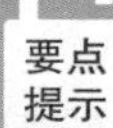

- 电磁铁产生的励磁磁通可以通过电流来调整
- 根据励磁磁通的调整方法不同，电动机的性能也不同

图1 由永久磁铁产生的励磁磁通

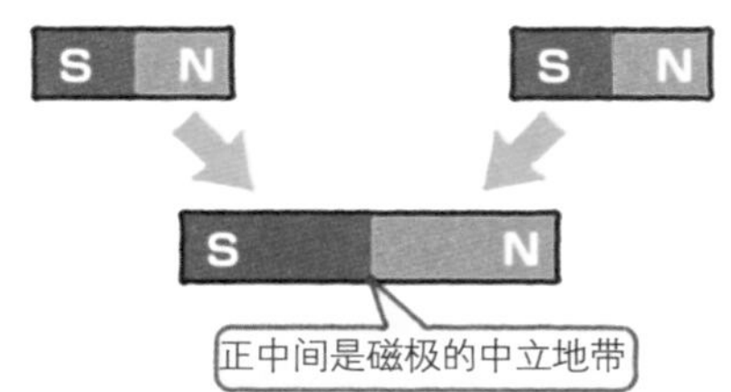

两个磁铁连接的话，在两端产生N极和S极，成为一个磁铁

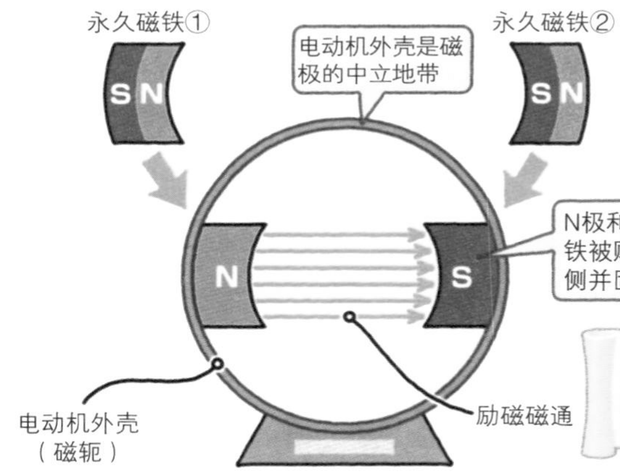

N极和S极被磁化的永久磁铁被贴在电动机外壳的内侧并固定住

贴在内侧的两个永久磁铁通过电动机外壳连接着，内侧产生了N极和S极

图2 电磁铁产生励磁磁通和励磁绕组

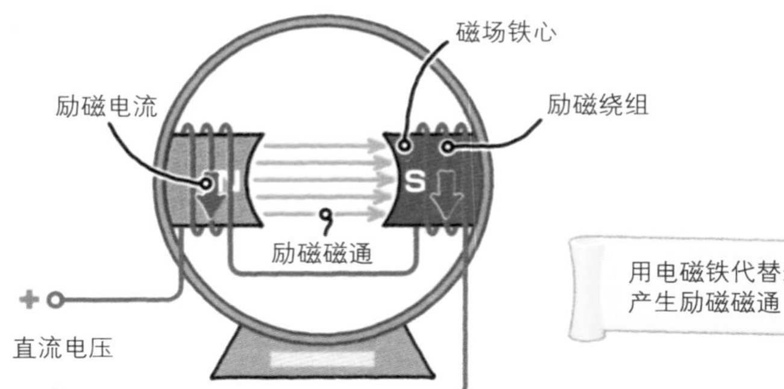

用电磁铁代替永久磁铁，产生励磁磁通

名词解释

励磁磁通→是电动机内产生的普通的磁场，也可以简单叫为“励磁”

励磁绕组→制作在电磁铁上产生磁场的绕组

电枢→是转子的构成要素，是通过电流产生磁力的部分

036 使用永久磁铁的小型直流电动机的基本结构

小型直流电动机经常使用在小型四轮驱动车和工具中。小学的理科课堂上讲的三极电动机也是简易型小型直流电动机，知道这个的人应该很多。经常看到小型直流电动机被使用在电吹风机、电动剃须刀等家电产品中。在汽车内部，自动门、遥控车镜等的电气部件中也经常用到。

直流电动机由旋转部分和支撑部分构成。旋转部分叫作“转子”，由缠绕在铁心上的绕组和变换电流流动的“换向器”（电枢）构成。定子指的是产生磁场的永久磁铁和电动机外壳。在这里，我们了解一下基本构造。

旋转部分：以转轴为中心由铁心和绕组组成。在由永久磁铁产生的磁场（励磁磁通）中，绕组通过电流以后，铁心和绕组上会有转矩作用，以转轴为中心旋转。包括换向器的旋转部分叫作“转子”。绕组的材料使用易于通电的软铜，用磁漆或聚乙烯醇缩甲醛等材料做绝缘处理。转子中使用的铁心用通过叠加几层叫做硅钢片的铁片做成。变压器、电机所经常使用的硅钢片是磁通易于通过的强磁性体，因为比铁的电阻大，可以抑制铁心内发生的涡流（后述）。

电刷安装在定子上，跟换向器一起完成变换绕组内电流方向的作用。电刷要求接触电阻小、摩擦力小、耐机械冲击强等特性，以碳和石墨为主要成分。另外换向器为了减少磨耗，使用稍微硬的铜材。

要点提示

- 换向器安装在转子的轴上，电刷安装在定子上
- 铁心用易通过磁通的硅钢片叠成

图1 直流电动机的基本结构

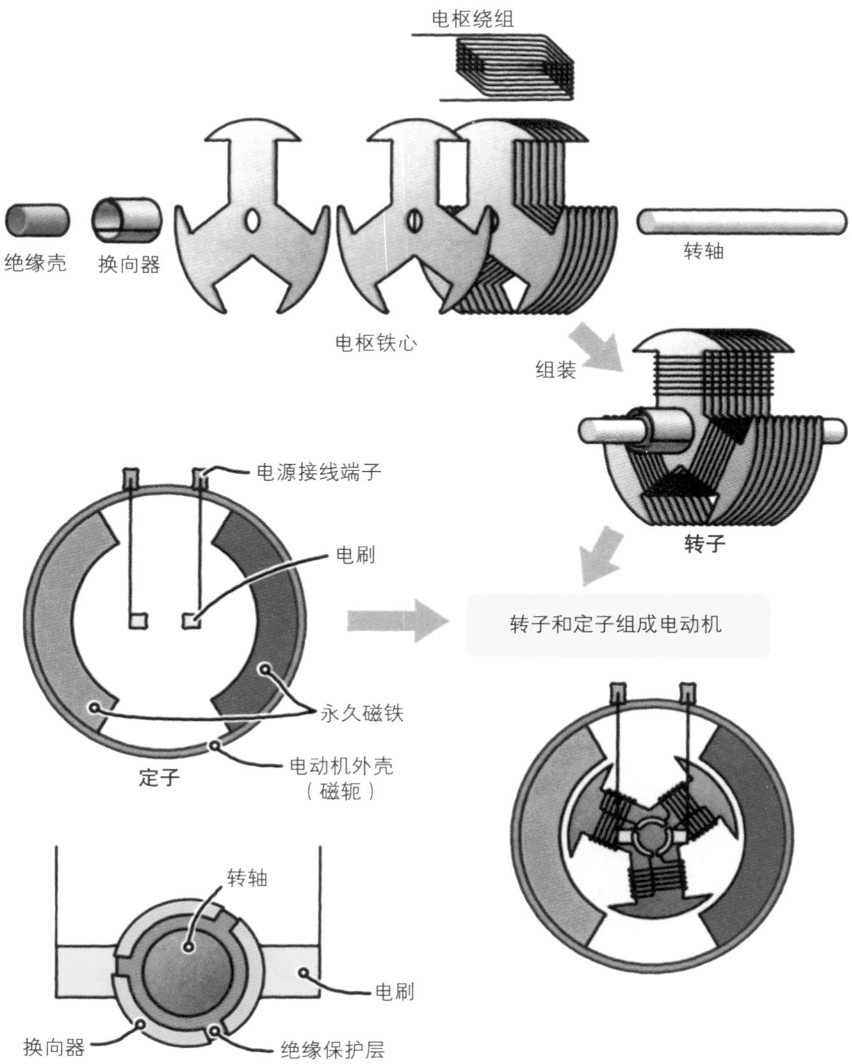

名词解释

定子→由电动机外壳、永久磁铁等，不转动的部分组成

037 小型直流电动机的转动原理

前面提到在磁极间插入磁铁的话，会产生转动力，但是全部会在旋转途中停止。转动部分转动一周（360°），想要连续地转动的话，转动途中需要改变流过电枢的电流的方向。在这里首先用三个槽的直流电动机来说明一下使用永久磁铁的小型直流电动机的转动原理。

加大转子上绕的绕组匝数，提高起动时的转矩是有利的。三个槽的场合，三个绕组在转子上每120°配置一个，通过换向器连接邻近的绕组。这样的话，每60°改换一下极性，旋转120°后变为跟开始一样的状态，重复这一过程。

因为旋转的电磁铁有三个凸起的磁极被磁化为N极、N极、S极或者S极、S极、N极，这是通过换向器和电刷切换的。使用三个绕组的直流电动机，开始时不论电刷位置在哪里，都会很容易地自主起动。

使用双槽直流电动机时也一样，因为可以用电刷和换向器切换极性，图1b所示为旋转90°后，电磁铁的极性变为反向。因此，转动180°后跟开始时的状态一样，重复这一过程。这种有换向器和电刷的双槽直流电动机，想自主起动有点难度，因为旋转位置不同产生的转矩也不同，会发生转动不均匀的情况，无法实现连续流畅的旋转。

另外，双槽的场合换向器安装的间隔狭小的话。切换极性时，容易跟电刷产生短路，安装时需要注意。

要点提示

●槽数增多旋转不均匀会消失，可以平滑旋转

图1 直流电动机的旋转原理

a 三个槽电动机的旋转原理

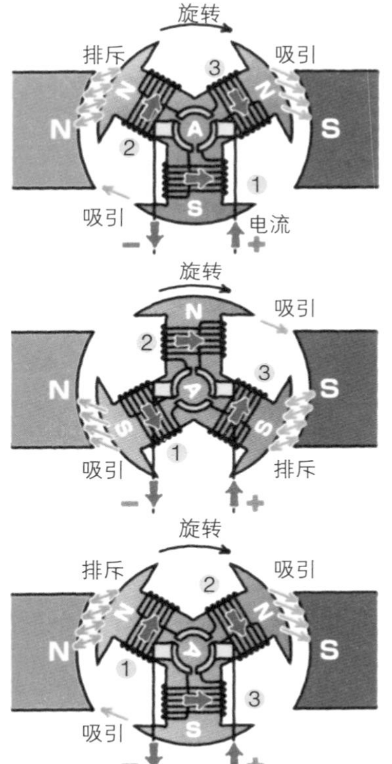

从转动开始的位置转到30°

绕组1是S极，绕组2和3是N极
通过磁极的吸引、排斥开始向右旋转

从30°转到90°

绕组3的极性反转
绕组1和3是S极，绕组2是N极
继续向右旋转

从90°转到120°

绕组1的极性反转
绕组1和2是N极，绕组3是S极
继续向右转动

因为条件跟开始位置一样，可以转动1圈

b 双槽电动机转动90°的状态

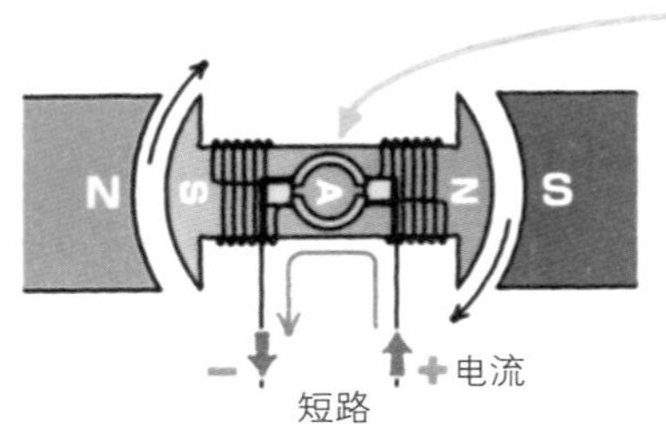

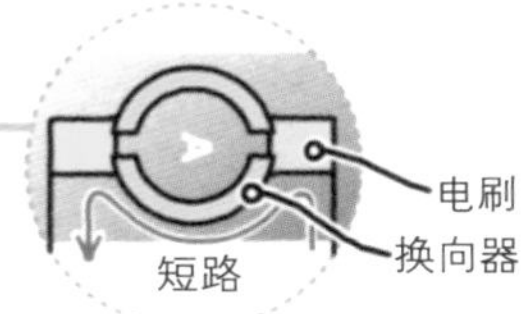

双槽电动机

在旋转90°的地方，因为换向器的连接使电刷短路

名词解释

槽→为了能将绕组绕上，在铁心上而设计的沟槽

038 小型直流电动机的性能

使用小型直流电动机时，参考一下特性曲线（见图1）。这里分析一下这个特性曲线有什么意义。

小型直流电动机的特性曲线一般以输出的转矩为横轴。电动机的转轴上什么也没有加载的零负载（无做功状态）下旋转时，输出的转矩为0（接近为0）。然后，堵转（压住）电动机的转轴使其处于静止的状态时是最大转矩（旋转力最大）时。乍一看像是矛盾的关系。电动机受到堵转的状态时转动力最大。解除束缚开始旋转，转矩变小。堵转状态下抑制电流的只有绕组的电阻和电刷的接触阻碍，所以流过的电流是最大的。因此，电动机突然被卡住停止时，持续通过超过额定值的电流，有可能烧损电动机。

从图1中的特性曲线看，电流和转矩的关系几乎成正比，但是转速和转矩的关系成为反比。在转矩为最大转矩的一半时，输出的机械能达到最大值。而效率在向着最大转矩接近时下降。空载运转时电流最小，几乎可以看成电路没有连接。受到堵转时，可以理解为短路状态。

电动机的性能要求在小型化下的高效率、高转矩。同样旋转不颤动和旋转的稳定性毫无疑问是最重要的。直流电动机根据施加的电压的不同，转速（转数）会发生变化。也会由于加到电动机上的负载的不同，转速和转矩也会发生变化。

要点提示

- 电动机在通电状态下突然停止的话，会进入危险状态（烧损）
- 电动机在空载状态下，转矩接近零

图1 小型直流电动机的特性曲线

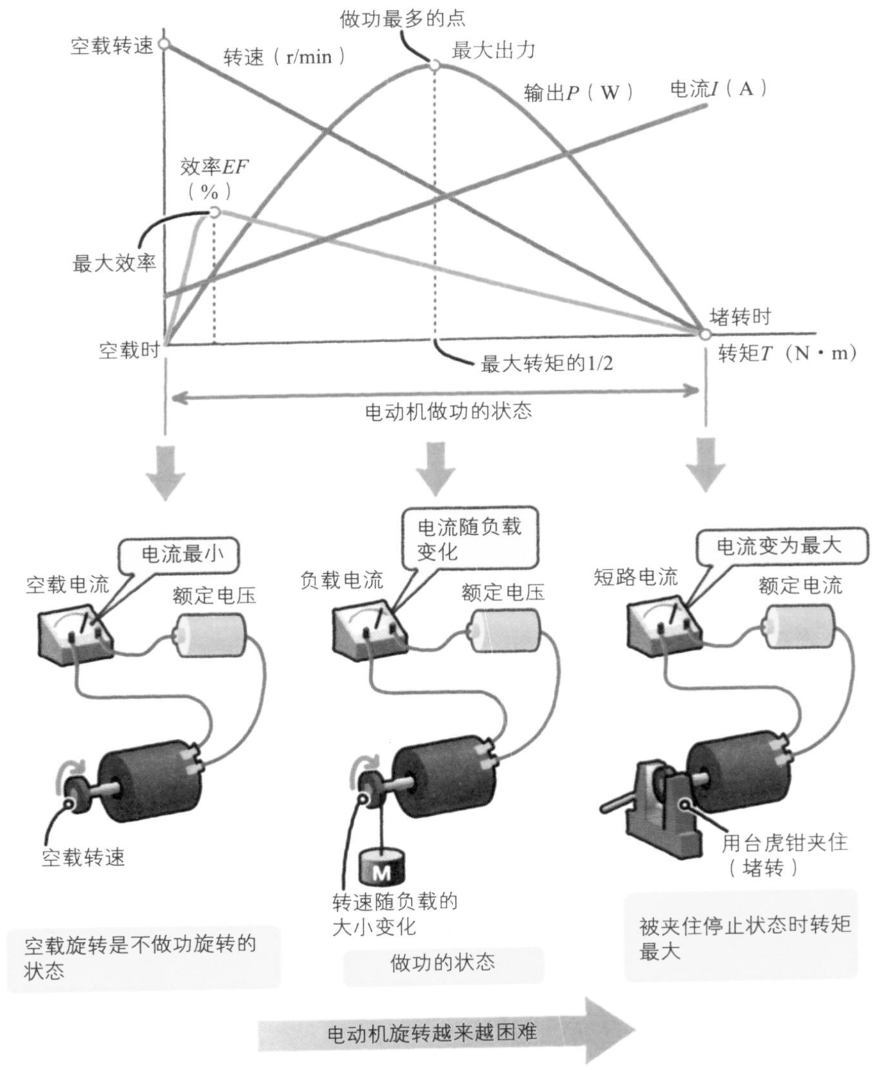

做功最多的点
最大出力
空载转速
转速（r/min）
输出P（W）
电流I（A）
效率EF（%）
最大效率
空载时
堵转时
最大转矩的1/2
转矩T（N・m）
电动机做功的状态

电流最小
空载电流
额定电压
空载转速
空载旋转是不做功旋转的状态

电流随负载变化
负载电流
额定电压
M
转速随负载的大小变化
做功的状态

电流变为最大
短路电流
额定电流
用台虎钳夹住（堵转）
被夹住停止状态时转矩最大

电动机旋转越来越困难

名词解释

堵转→压住不能动

短路电流→电动机在堵转状态下的电流，此情况可以看作是短路状态

039 使用电磁铁的大型直流电动机的基本结构

小型直流电动机为了产生磁场使用的是永久磁铁，但是大型直流电动机是使用电磁铁产生磁场。这里我们看看电车、起重机上使用的大型直流电动机的结构。另外需要注意是，电动机的大型和小型不是由大小决定的。本书中将使用电磁铁产生磁场的电动机作为大型电动机处理。

电枢的铁心中，因为流过用换向器周期性切换的电流，产生由于涡流（后述）造成的损耗。为了防止这种损耗，采用叠加硅钢片构成圆柱状的电枢铁心。另外，大型直流电动机中，通过增加电枢绕组的匝数来增加起动转矩，抑制旋转颤动情况的发生。像小型电动机那样，在转子的凸起处绕上线圈的方法是无法增加绕组匝数的。圆柱状的电枢铁心上设计出浅的凹槽，在槽上嵌入线圈，做成旋转的电枢绕组。

该电枢绕组一般隔开几个槽才嵌入。嵌入槽内的线圈通过换向器把预先整形并绕好的"模绕线圈"相互连接上。这样，既增加了电枢绕组的匝数，又增加了起动转矩。电动机内产生磁通的电磁铁是通过在叠层的软钢片铁心上绕上线圈（励磁绕组）来做成的。这时串连两个线圈，达到相互叠加磁通的效果。在电动机外壳的内侧形成N极和S极。这种电磁铁称为磁轭安装在电动机外壳上。另外，电磁铁的前端部分叫"磁极片"，有增强磁通的作用。

要点提示

- 电枢绕组使用叠加的硅钢片，电磁铁使用软钢片
- 模绕线圈隔开几个槽嵌入

图1 模绕线圈在电枢上的绕法

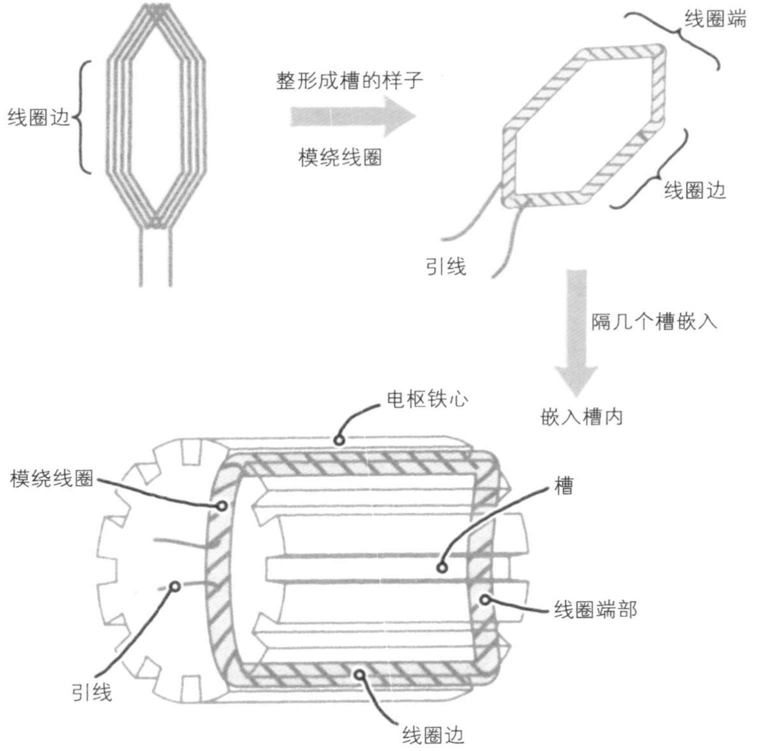

线圈边

整形成槽的样子

模绕线圈

线圈端

线圈边

引线

隔几个槽嵌入

嵌入槽内

电枢铁心

模绕线圈

槽

线圈端部

引线

线圈边

图2 励磁绕组和电枢

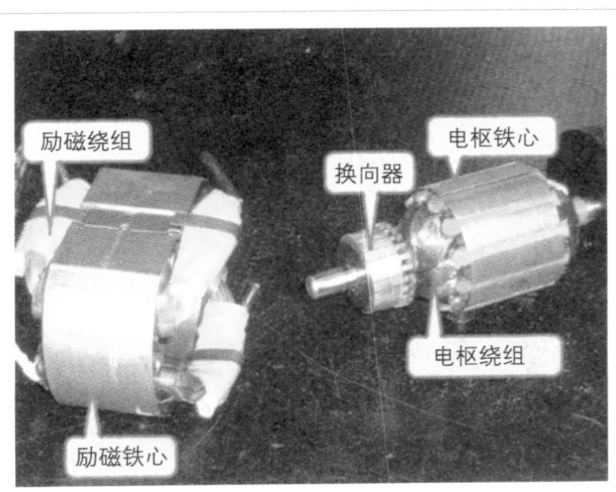

040 换向器和电枢绕组的连接

三个槽的直流电动机每60° 改变一次电流方向，转动电枢。通过增加槽数、多绕线圈的方式，会减小旋转颤动。下面了解一下电枢如何通过磁化得到转矩的。

增加电枢的槽数的场合，线圈的绕法有“叠绕法”和“波绕法”。图1所示为2极4槽电动机的电枢用“叠绕法”的例子。为了使两组的线圈的电流相同，用一组电刷和四个等分的换向器，交替配线。这样的话，转子的旋转角每45° 时，改变极性，流过电枢的电流方向是右半侧向里，左半侧向外。转子即使旋转，由电枢产生的磁场大体是向上的。

使用隔开槽叠绕法的话，即使增加槽数，也可以绕线，实现平滑的旋转。最终，无槽电动机的应用也成为可能。

图2所示，在转子上绕有8组（16匝）线圈和换向器连接的场合（用的是2极8槽的双层叠绕法）。结果，右半侧的线圈向里通过电流，左半侧的线圈向外流过电流。这样连接的话，每22.5° 改换极性，得到平滑的连续的旋转。增加线圈匝数的话，旋转中的电枢上产生的磁场，通常跟磁铁产生的磁场成为90° 角。图2所示的简化描述的多槽的电枢绕组和换向器是最常使用的。

要点提示

- 电枢绕组的绕法有“叠绕法”和“波绕法”
- 槽数多的话，励磁磁通和电枢绕组的磁场会成为直角

图1 2极4槽的叠绕法

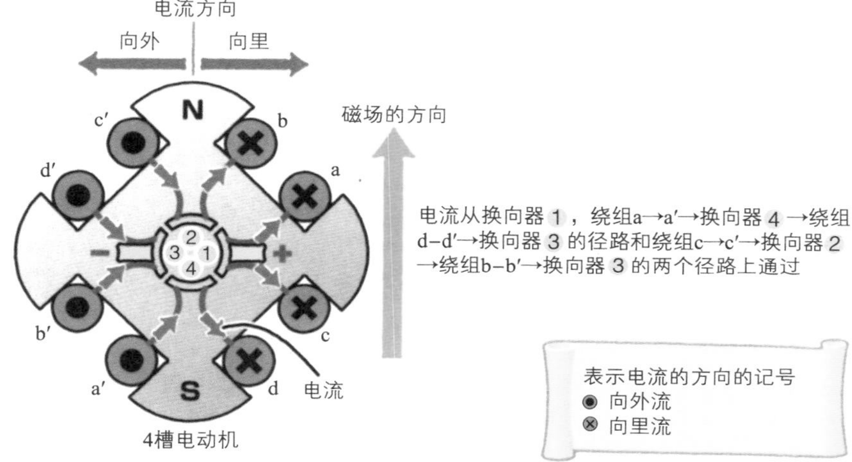

图2 2极8槽电动机的电枢（简图）

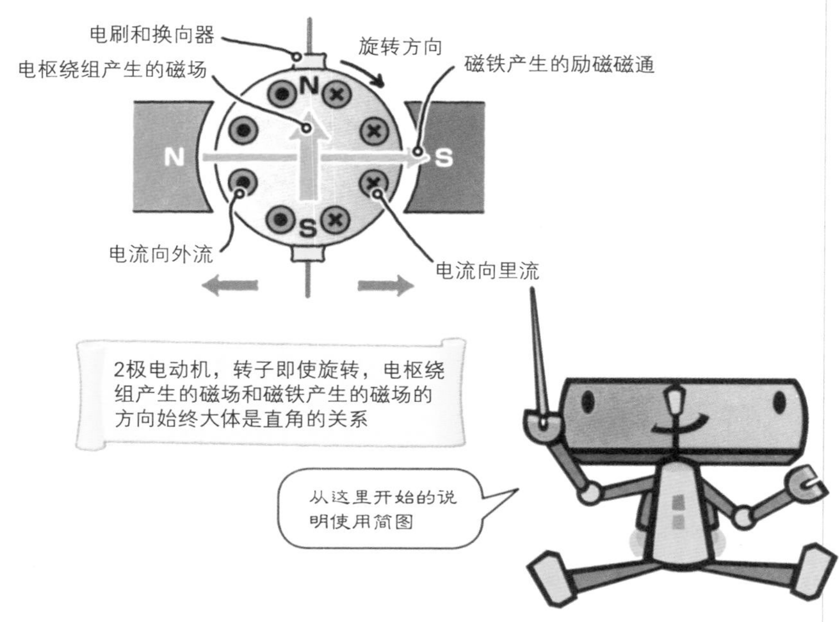

041 电动机转动的同时也可以发电

上一章讲述了直流电动机也可以成为发电机。这里看看由于电动机转动自身也产生电动势的现象。

电动机旋转时，因为绕组是在磁场内旋转，绕组内产生电动势。即电动机转动时也会发电。这个现象实际确认起来十分困难，但是把电动机的转动分为转动和发电两个部分的话，理解起来就会容易些。在图1中，将转动开始产生的电动势分为转动和发电两个部分来考虑。

电动机上加电压，绕组内开始流过电流，根据弗莱明的左手定则，绕组受力，开始旋转。这时，开始旋转的绕组根据弗莱明右手定则会产生电动势。该电动势与供给电压V的方向相反。随着旋转速度加快，绕组跟磁场的切割速度加快，产生的电动势会变大。

如图1所示，这个电动势E因为方向跟所加的端电压V相反，称作“反电动势”。这个反电动势E在励磁磁通的量增大或转速变快时会变大。

永久磁铁产生的磁场。因为励磁磁通是一定的，反电动势E由转速决定。转速变快，反电动势E变大，逐渐接近输入电压V，实际加到电枢绕组的电压V-E变小，通过电枢绕组的电流也会减少。所以电动机不做功（空载）时，电枢里几乎不通过电流。不做功时，因为没有电流通过，所以没有功率损耗，这对于电动机来说是很好的状态。

要点提示

- 反电动势E用弗莱明的右手定则可以确定
- 电动机的旋转方向用弗莱明的左手定则可以确定

图1 电动机的旋转和反电动势

电动机转动的同时，产生反电动势

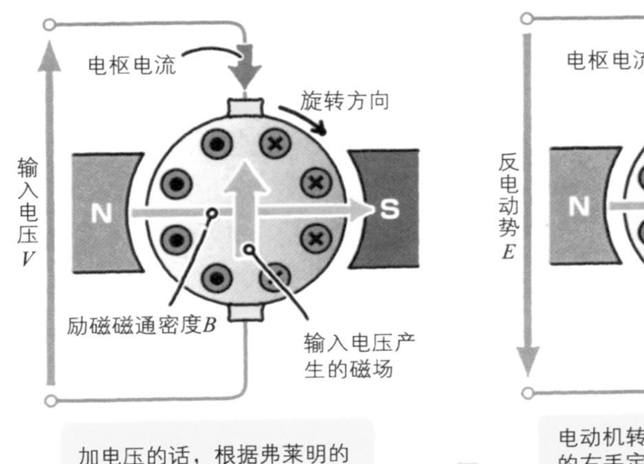

加电压的话，根据弗莱明的左手定则，电动机会旋转

电动机转动的话，根据弗莱明的右手定则，在电枢绕组上产生电动势

实际合成的电压、电流

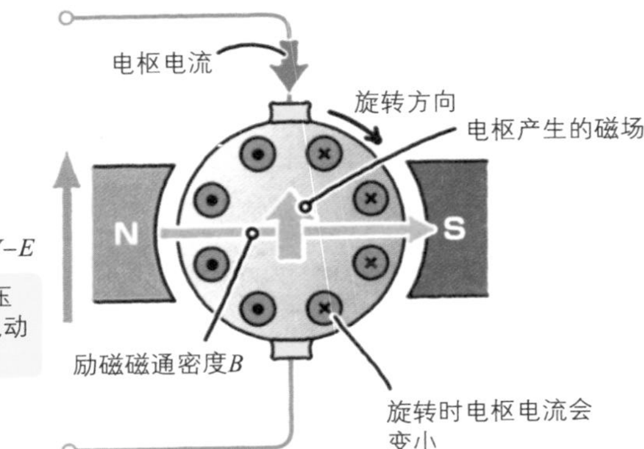

转动中的电动机的端电压是施加的电压V减去反电动势E的值

名词解释

反电动势→是电动机转动中发电产生的电动势，与输入电压的方向相反，所以称为“反电动势”

042 线圈发热和等效电路

电动机的结构变得越来越复杂，根据线圈和铁心的材料不同，性质也会发生变化。这种复杂的结构不进行单独分析，为了理解方便、电路分析的简单化，将集中分析一个方面的性质和功能，下面分析一下电路。

线圈是由导线做成的，且易于导电。但是，在线圈加上直流电压的话，流过的电流过大，就会形成短路状态。身边可以看到电磁铁连接电池时的现象。电磁铁长时间连接电池的话，出现电池发热、线圈发热的现象。电池是由于内部电阻而发热，线圈是由于导线的电阻和电流的关系引起发热。不管哪个通过大电流，都无法避免发热现象的产生。这里，对线圈来说，把抑制发热因素的电阻性质和产生磁场的线圈性质分开来考虑。这种处理方法用电性能方式来描述叫作“等效电路”。

直流电动机的电枢绕组和励磁绕组也用同样方式来考虑，把产生磁场的绕组部分和发热的电阻部分分离开来考虑等效电路的话，分析起来非常方便。电刷的接触电阻与铁心内部的损耗和产生磁场的绕组功能分别处理。简化图和等效电路都用符号化表示，以后会逐渐适应的。

要点提示

●对于线圈，把电阻的性质和产生磁场的性质分开来考虑，采用电性能上容易处理的“等效电路”

图1 线圈发热和等效电路

线圈发热
+
-
等效电路
电阻的性质
线圈的性质
发热
产生磁场
电流
+
-

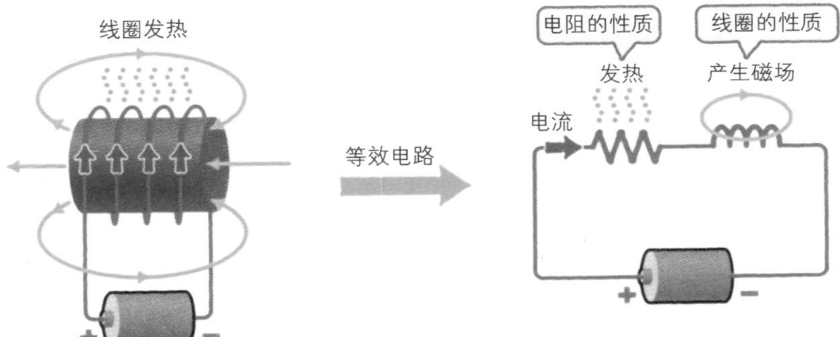

将产生磁场的线圈的性质和抑制电流的流通与发热的电阻的性质分开考虑

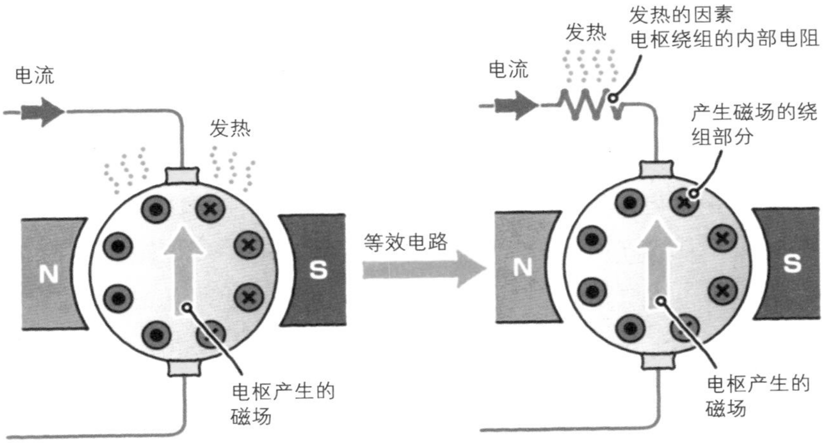

电流
发热
N
S
电枢产生的磁场
等效电路
发热的因素
电枢绕组的内部电阻
发热
电流
产生磁场的绕组部分
N
S
电枢产生的磁场

电枢绕组的内部电阻，电刷的接触电阻与电动机分离开来考虑

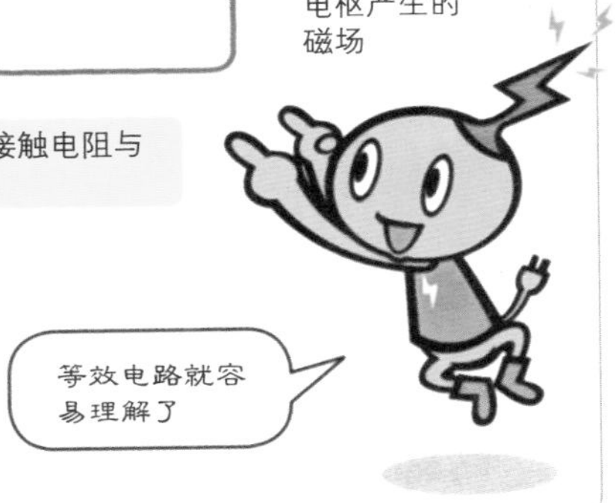

等效电路就容易理解了

043 由电枢电流引起的励磁磁通偏移会损坏电刷和换向器

电动机旋转时发生各种现象，前面所说的发热、发电都是电动机产生的现象中的一种。在这里学习一下电枢的电流变化引起的内部磁通分布的变化，并考虑相应的对策。

电枢绕组内流过的电枢电流所产生的磁通会打乱励磁绕组产生的励磁磁通。电枢绕组内流过的电流（电枢电流）产生的磁场与励磁磁通成为直角。在电动机内部，由于电枢电流产生磁通和励磁磁通的结合，铁心内部的磁通密度会产生差别。其结果，励磁磁通的磁通分布在旋转方向上会产生偏移。

这种电枢电流影响励磁磁通的作用叫作“电枢反应”。这个电枢反应在空载运转下，不会有很大的影响，但是电动机进入做功阶段，流过负载的电流和电枢中流过与负载对应的电流，由于电枢反应，电刷位置的电枢绕组产生电动势，会形成短路，有可能损坏电刷和换向器。这种电枢反应在大型直流电动机中是无法忽视的现象。

为了消除电枢反应，使用“补偿绕组”或“换向极”的方式来起到移动电刷位置的作用。使用补偿绕组的场合，在铁心上绕补偿绕组，消除一部分由电枢电流产生的磁通，减少磁通分布的偏移。另外，还有一种方法是，除了主磁极外安装一个叫作“换向极”的磁极，消除一部分由电枢电流产生的磁通。对于装有大型电磁铁的直流电动机，必须采用两者之一的方法。

要点提示

- “电枢反应”会损坏电刷和换向器，所以不能忽视
- 对策是使用补偿绕组或换向极等

图1 防止由电枢电流产生的磁场偏移的方法

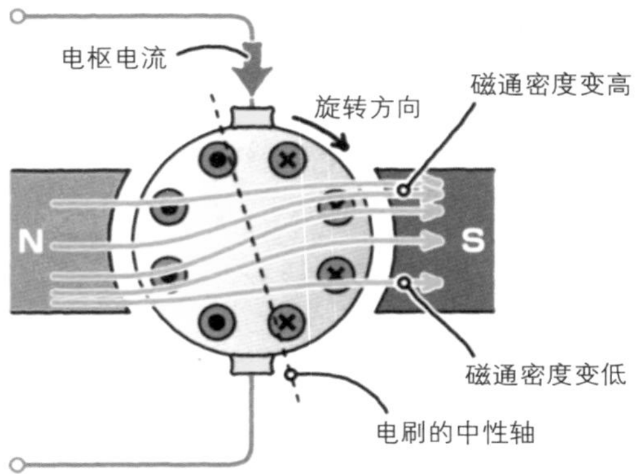

由于电枢铁心内的磁通分布偏移使电刷中轴移动

通过补偿绕组的对策

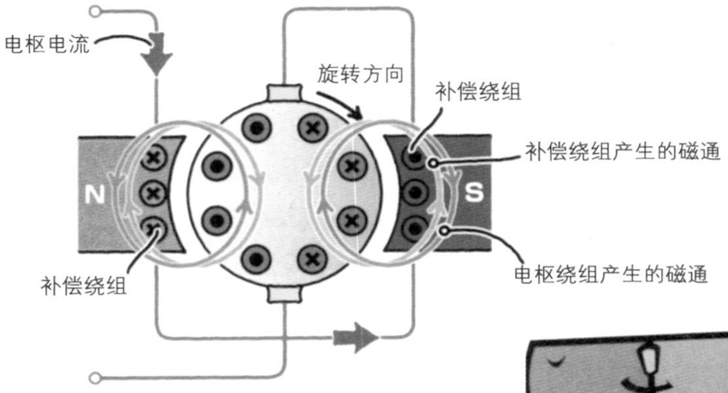

电枢电流

旋转方向

补偿绕组

补偿绕组产生的磁通

N

S

补偿绕组

电枢绕组产生的磁通

补偿绕组的磁通抵消电枢绕组的磁通

补偿绕组在大型直流电动机上是必不可少的

044 转矩的大小可以从电动机的外观来判断

电动机的转矩T是在转轴上产生的旋转力，对电枢绕组所做功的力F（弗莱明左手定则）是转矩的起因。所以转矩T是由磁通密度B、电枢里流过的电流I和电动机的形状决定的。这里先看一看转矩T大的电动机的形状。

如图1所示，对电动机的电枢绕组做功的力F跟电枢里流过的电流I和磁场的强度（磁通密度B）成正比，也跟线圈边的长度L（电枢的长度）成比例。因为转矩T（N·m）是由电枢的直径a（m）和对绕组做功的力F（N）的乘积，所以电枢的直径变大，转矩T也会成比例地变大。换种思考方式：在磁通密度B和电流I一定的条件下，电枢的横截面积决定转矩大小。综上所述，为了增大转矩T，可以考虑以下三个要素：

①增大电枢的直径；②增加电枢的长度；③增大流过电枢绕组的电流。

直径大的电动机，由于电枢的直径变大了，转矩也会变大。长度长的电动机，线圈边变长，转矩也会变大。当然电动机整体变大的话，由于电枢的横截面积变大，转矩也会变大。大型电动机的电枢绕组可以做得很大，由于通过更大的电枢电流，就会产生更大的转矩。

因为可以通过提高磁通密度B来增加转矩，可以考虑**增强励磁磁通**的方法。这可以通过使用电磁铁、永久磁铁来实现。例如使用稀土类永久磁铁的话，可以制造出比用铁氧体磁铁体积更小的电动机。

要点提示

- 磁通密度B一定的话，电动机的转矩T由电动机的外形来决定
- 强化励磁磁通、提高磁通密度B，转矩T会变大

图1 电动机转矩的计算

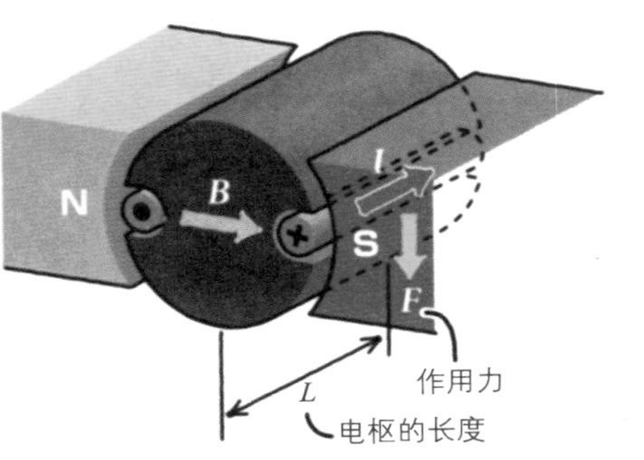

作用于导线上的力F是

$$F=BIL$$

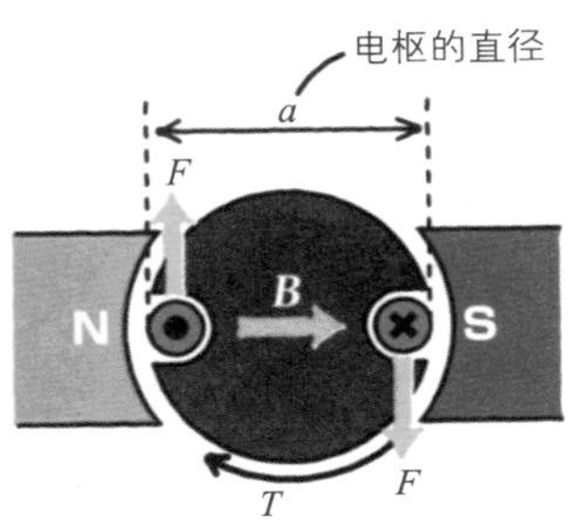

作用于电枢上的转矩T是

$$T=Fa$$
$$=BILa$$
$$=BI\times（电枢的横截面积）$$

电枢的横截面积大的电动机的转矩大

①电枢直径大的场合

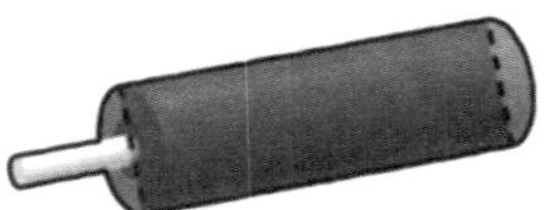

②电枢长的场合

③电枢绕组粗的场合（大型电动机）

使用强力磁铁的话，可以小型化

铁氧体磁铁

稀土类永久磁铁

名词解释

长度单位是米（m）；力的单位是牛（N）；转矩的单位是牛·米（N·m）

045 直流电动机由于电磁铁的制作方法不同，性能有很大不同

大型直流电动机，由于电磁铁的绕组（励磁绕组）连接方法不同，电动机的特性就会有很大不同，不同的用途使用的电动机也不一样。在使用同一个直流电源的场合，有电枢绕组和励磁绕组串联制作电磁铁的方法和并联制作电磁铁的方法。这种连接方式称为“自励式”，如图1a所示。与之相对的，还有电枢绕组和励磁绕组分别使用不同电源的方法。这种连接方式被称为“他励式”如图1b所示。

图1a所示为电车和起重机使用的直流电动机，因为电枢绕组和励磁绕组是串联的，称为自励式“串励电动机”。串励电动机的电枢电流（和负载电流几乎一样）和励磁绕组中通过的电流相等。所以励磁绕组产生的磁通跟负载电流成正比。如果负载电流变小，励磁绕组产生的磁通也变少，电动机可以高速旋转。如果励磁绕组没有电流流过，会进入无约束旋转状态，速度会异常高。串励电动机可以通过负载的增减来改变转速，也被称为“变速电动机”。而且因为转矩是跟负载电流的二次方成正比，起动时的转矩大，可使用在电车和起重机上。

变速电动机这个突出特点，被应用在自动档汽车的动力系统上。汽车开始用低速起动，最后转换到高档位。串励电动机也是转动起初为低速，得到大转矩，转速变快后转矩变小。因为这个速度和转矩的调整是自动无级地进行的，现在也被作为高价值的电动机广泛使用。

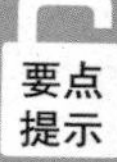

●串励电动机与自动档汽车换档的工作原理是一样的

图1 励磁绕组的连接

电枢电流
励磁电流
输入电压 V
电枢电流和励磁电流相同
a 自励式串励电动机
电枢电流
励磁电流
励磁电阻
输入电压 V_1
励磁电压 V_2
电枢电流和励磁电流的电源不同
b 他励式电动机

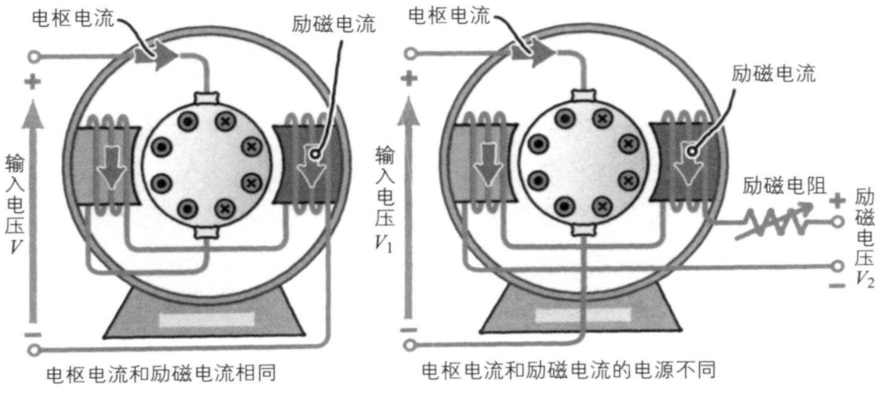

图2 串励电动机的特性

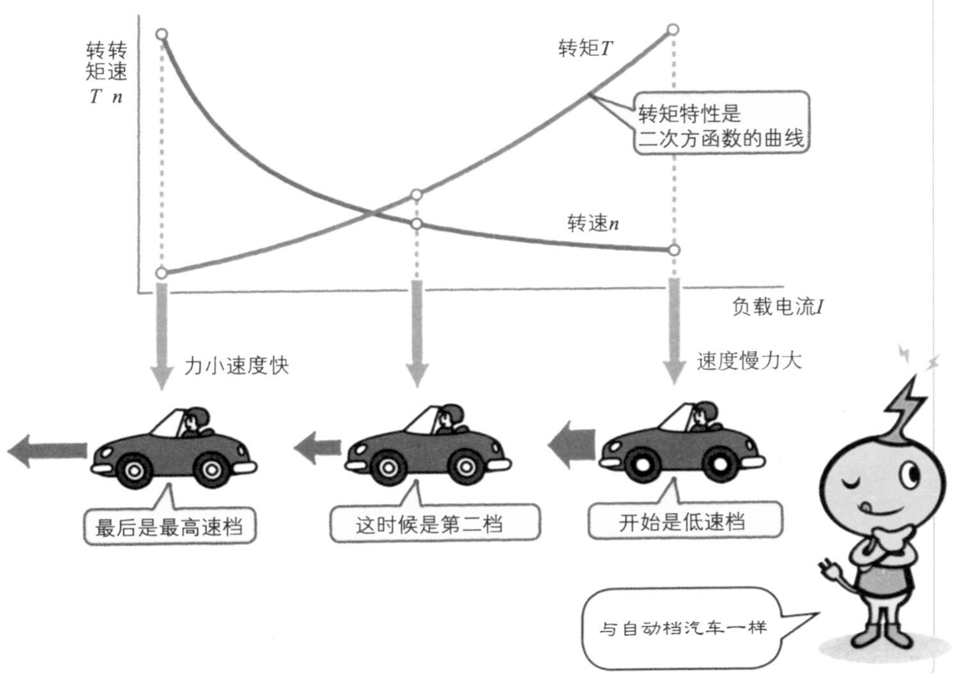

转矩 T
转速 n
转矩T
转矩特性是二次方函数的曲线
转速n
负载电流I
力小速度快
速度慢力大
最后是最高速档
这时候是第二档
开始是低速档
与自动档汽车一样

046 电磁铁与电枢绕组并联的直流电动机的性能

在泵、机床上使用的直流电动机中有种叫作“并励电动机”的。并励电动机因为电枢绕组和励磁绕组并联连接，所加的电压（端电压）同样地加到两个绕组上。在端电压一定的场合，励磁磁通一定、励磁用电磁铁的强度也一定。所以有着即使负载变化，转速也不会发生太大变化的特性。此外，转矩与负载电流几乎成正比。

由于并励电动机即使负载变化、转速也不发生变化，所以也叫“恒速电动机”。由于并励电动机的电枢绕组和励磁绕组并联连接，励磁绕组的回路断开的话，电动机的转速会异常高，进入“飞逸速度”，所以注意不要通过切断等方式断开励磁绕组的回路。可以保持恒速的电动机特性，在其他交流电动机上也可以看到，所以并励电动机的使用越来越少。

负载的载荷不大变化、起重机、电梯、机床、空气压缩机等上使用的直流电动机中有种叫作“复励电动机”的电机。复励电动机有两个励磁绕组，一个跟电枢绕组串联、另一个与电枢绕组并联。电枢绕组和两个励磁绕组的连接时，两个励磁绕组的极性使相互增加磁通的连接方法叫作“积复励”，相互抵消磁的连接方法叫作“差复励”。不管哪一种方式都兼备并励电动机的性质和串励电动机的性质，比并励电动机的起动转矩大，具有即使在空载也不会达到危险速度的特性。

要点提示

●并励电动机如果励磁绕组回路断开的话，会引起异常高速旋转是非常危险的，这种状态叫作“飞逸速度”

图1 并励电动机的结构和特性

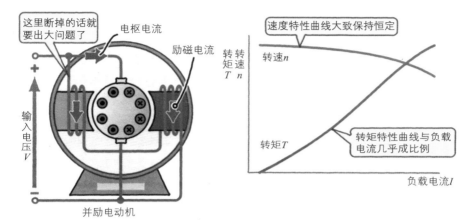

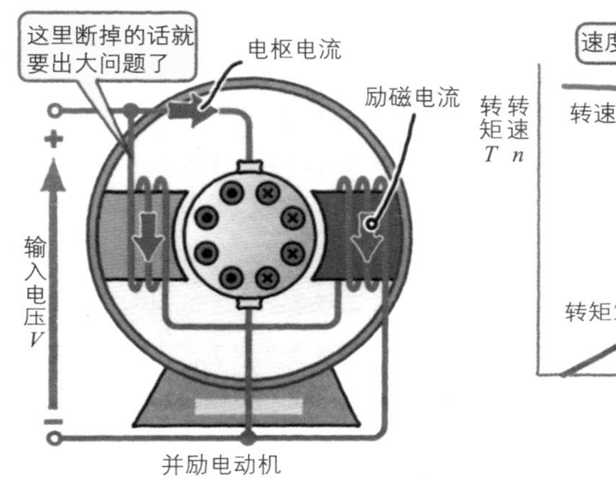

并励电动机

电枢绕组和励磁绕组并联连接

图2 复励电动机的结构和特性

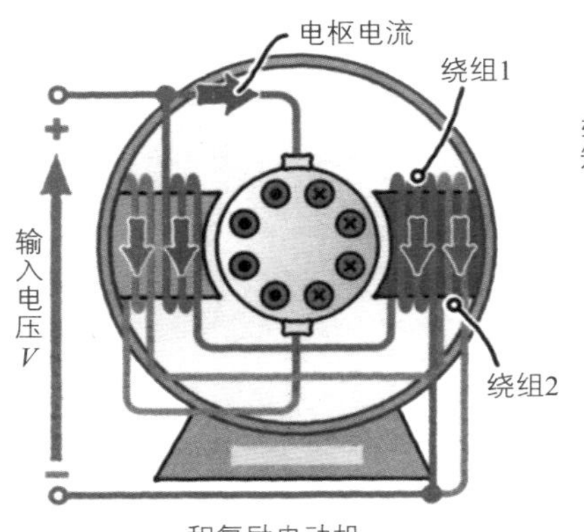

积复励电动机

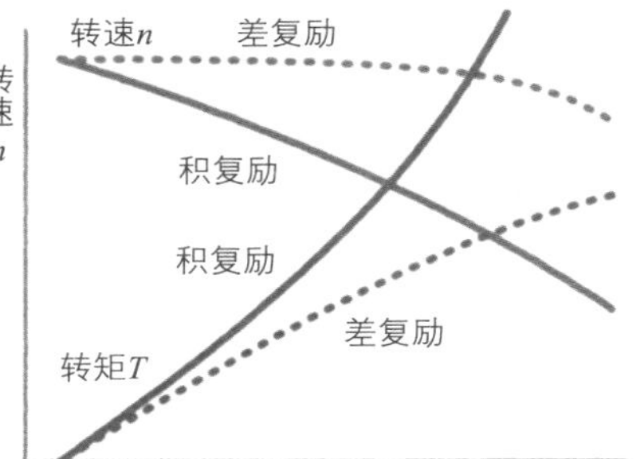

励磁绕组有两个，一个跟电枢串联连接，一个跟电枢并联连接

积复励是在相互增加磁通的方向上绕线圈
差复励是在相互抵消磁通的方向上绕线圈

047 大型直流电动机在限制起动时的大电流下开始旋转

由于大型直流电动机起动时会流过大电流，有必要限制起动时的电流，需要缓慢地提高转速。下面研究一下起动方法。

因为旋转中的电动机会产生反电动势，会抵消所加的电压（端电压）。所以在空载、额定速度时，几乎不流过电流（空载电流）。但是，在起动时（开关接通的瞬间）因为反电动势是零，端电压直接加到电枢绕组上，会流过如同短路时的大电流（最大电流）。

空载的状态下闭合开关时，由于电动机是在停止状态，瞬间会流过与堵转状态下一样的最大电流，从最大转矩开始旋转，电流逐渐减小，最终到几乎不通过电流。加载着额定负载的状态下，闭合开关的话，一瞬间流过最大电流，从最大转矩开始旋转，电流逐渐减小，最后在额定负载电流上稳定。加载、闭合开关的话，电流减少会需要一定的时间。由于起动时的大电流，电动机的绕组、电线、开关、电源会受到损害。所以大型电动机需要逐渐提高转速，达到额定转速时，才施加额定电压。

图2是使用起动器起动直流电动机的情况。从左到右移动手柄，增加电流和电动机的转速，移动到起动电阻为零的位置时，结束起动。起动结束后，由电磁铁保持手柄的位置。这个电磁铁在关闭开关或停电时，或并励励磁绕组断开时，失去保持力，弹簧将手柄推回到最初位置，电动机停止转动。

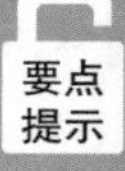

●起动时跟堵转时一样流过最大电流，最初，励磁电流大、电枢电流小，逐渐增加电压

图1 起动时的电流

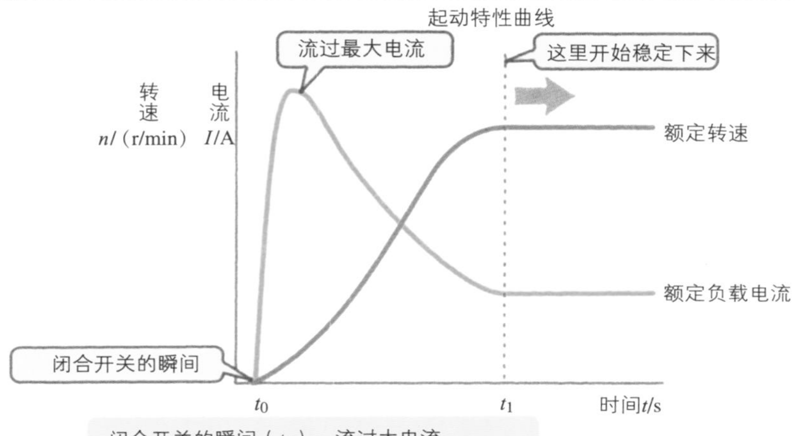

闭合开关的瞬间（t_0），流过大电流。
经过一段时间（t_1）转速上升达到额定转速，
电流会减少到额定负载电流

图2 起动器的作用

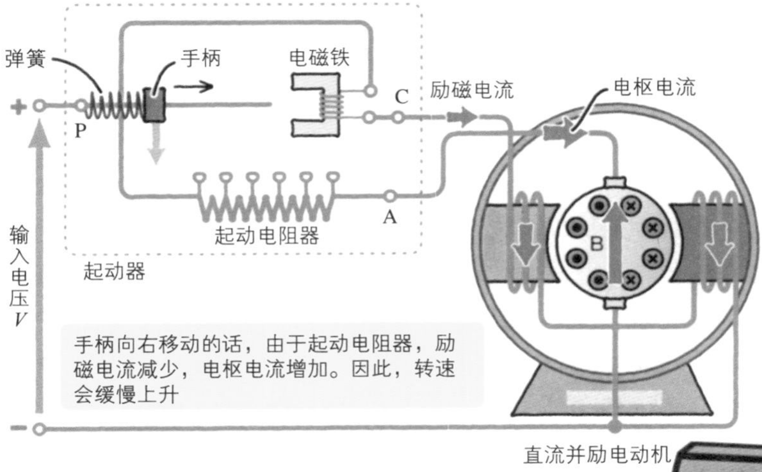

弹簧
手柄
电磁铁
P
C
A
励磁电流
电枢电流
B
起动电阻器
起动器
输入电压V
直流并励电动机

手柄向右移动的话，由于起动电阻器，励磁电流减少，电枢电流增加。因此，转速会缓慢上升

限制最初的大电流是非常重要的

048 大型直流电动机的转速可以通过电压和励磁来调整

下面将说明电车和单轨车上使用的大型直流电动机的速度调整。

直流电动机的转动控制有以下两种方法：①调整施加的电压；②调整励磁磁通。串励电动机的电枢绕组串联电阻的话，加在电枢绕组的电压会减小，转速也会下降。基于这个考虑，可以通过两个电动机的串联或并联连接，来调整转速。在电车上使用的串励电动机的速度调整就是通过多个电动机的串联或者并联连接来实现的。

图2所示的并励电动机，是由与励磁绕组串联的励磁电阻器R_0，调整励磁电流来变化磁通。这种方法也在他励电动机、复励电动机上使用。在图1所示的串励电动机上，若与励磁绕组并联一个电阻器R，由电阻器分流一部分电流，同样也可达到调整励磁电流的效果。这个励磁绕组流过的励磁电流大时，转速会慢，励磁电流变小的话，转速会快。如果励磁绕组破损断掉，励磁电流无法通过，图3所示的他励电动机和图2所示的并励电动机会失控旋转，转速异常高。所以对构成的励磁绕组电路要十分注意。

他励发电机的发电电压施加到他励电动机上、发电机的电压调整由别的电源驱动的电动机完成的方式叫作“直流发电机-电动机组（华德利翁发电机组）方式”。他励电动机的速度通过调整励磁电流既可以进行细微调整，也可以在很大范围内改变电动机转速。可以通过半导体整流器调整施加的电压，达到同样的效果，这种使用半导体的控制电压方法叫作“静止华德利翁发电机组方式”。

要点提示

●他励电动机、并励电动机，可以通过调整励磁电流，平滑地改变转速。但是，回路断开的话，转速会异常高

图1 串励电动机的速度控制

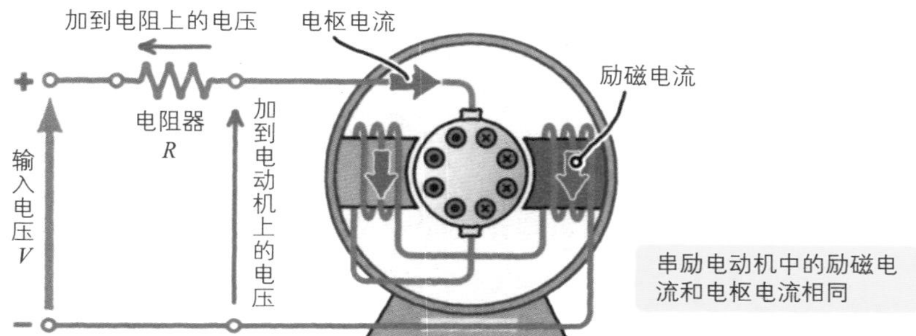

图2 并励电动机的速度控制

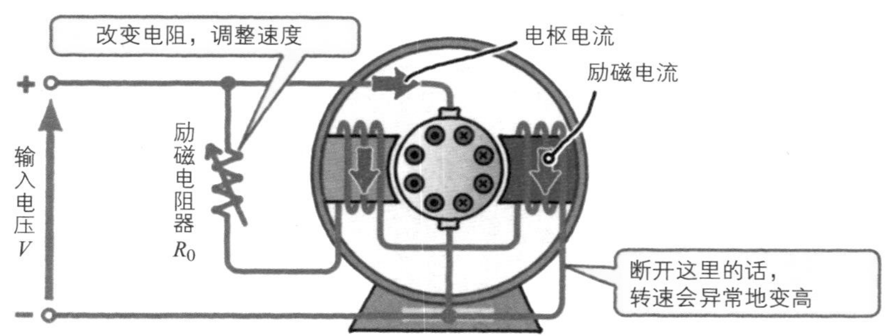

图3 他励电动机的速度控制（华德利翁发电机组方式）

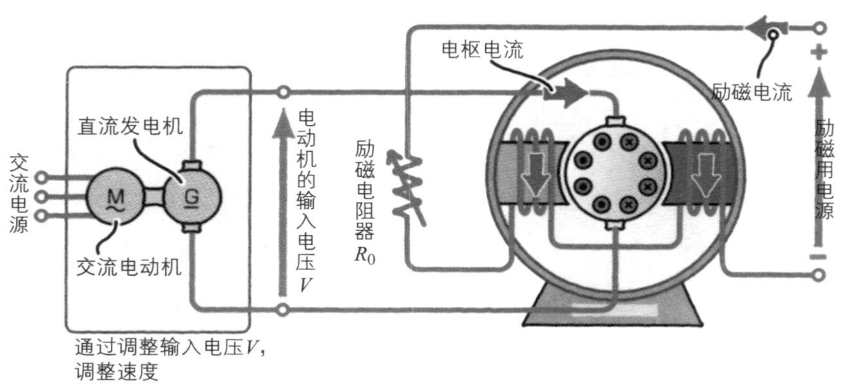

专栏

感应电动机和同步电动机

同步电动机被认为比感应电动机的效率要高。感应电动机的原理是，在定子侧（初级侧）的绕组内产生旋转磁场，转子侧（次级侧）的绕组或导体内会产生涡流。于是，利用初级侧的旋转磁场和二次侧的涡流之间的作用力。

同步电动机是利用初级侧的旋转磁场和次级侧的永久磁铁间的作用力。从而，同步电动机的次级侧内不通过电流，相应的损耗会变小，可以制造出比感应电动机效率高的电动机。

通过稀土类永久磁铁和同步电动机的结合，开发了小型高效率的永磁（PM）同步电动机，在电梯、自动扶梯上经常会被应用。另外，新型的新干线上也实施PM同步电动机的引入计划，运用实验也进入了最终阶段。但是，同步电动机有着无法起动的宿命，还需要控制技术来弥补。

a 感应电动机的原理

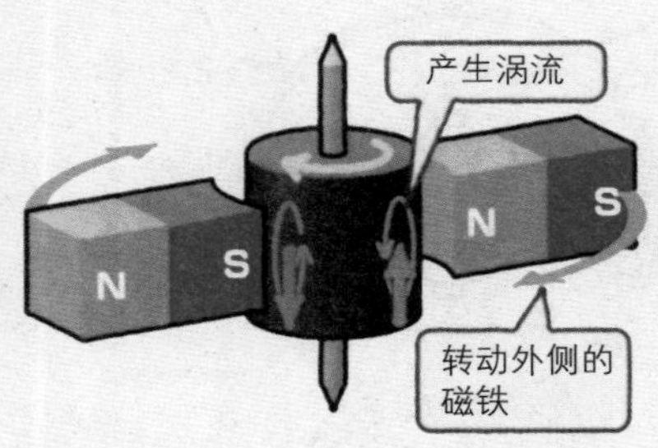

b 同步电动机的原理

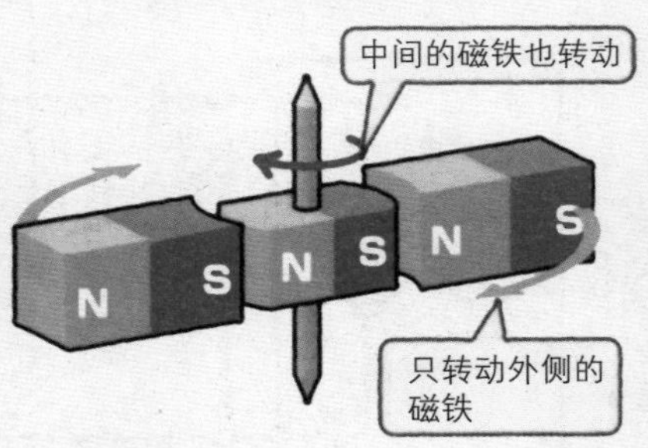

第5章 交流电动机的结构和作用

风扇、洗衣机、冰箱、吸尘器等，用交流电动机的也很多。
另外，电梯、起重机、新干线等电力机车的车辆也使用
大型交流电动机。
本章说明交流电动机的转动原理，作为动力使用的
交流电动机的结构和特征。

049 家庭用的交流电的电流方向是不断地周期性地变化

送到家庭里的电一般作为电灯的光能、微波炉和电热板的热能，洗衣机和风扇的机械能，电视和个人计算机的能源来使用。这种电流叫作交流电（AC），简称交流。随着时间变化，电流的方向是周期性变化的。交流电是利用前面一章叙述的电磁感应现象产生的。如图1所示的旋转磁铁的场合，电流的方向随着磁铁的旋转而变化，磁铁旋转一周的话，回到原来的地方。这个叫作交流电的1个周期。

日本关东地区和关西地区，送到家庭的交流电的周期是不同的，关东地区是每秒将1个周期循环变化50次，关西地方是每秒将1个周期循环变化60次。另外，每秒重复的周期数叫作“频率”，单位是“Hz”（赫兹）。即关东地区使用的是频率为50Hz的交流电（我国用50Hz），关西地区使用的是频率为60Hz的交流电（原因是在日本引入发电机的明治时代，关东和关西采用的发电机不同，译者注）。

另外，为了使这个周期的波形成为不会对电器产生损害且理想的“正弦波形”，有必要在磁铁的形状上下工夫。正弦波形指的是数学上的三角函数sin的波形。跳绳时，可以观察绳子的波形接近正弦波形，但是正确的波形应该是按照数学的sin函数值变化的波形。

图1b所示的是发电机的断面，磁铁在绕组中心旋转。磁铁具备了让这时的磁铁前端的磁通分布随着旋转成正弦波（sin波）的形状。磁铁做成这种形状的话，跟绕组交叉的磁通会变为正弦波，产生的电动势也成正弦波。

要点提示

- 在日本关东地区送的交流电为50Hz，关西地方送的交流电为60Hz

图1 交流发电机的结构

a 交流发电原理

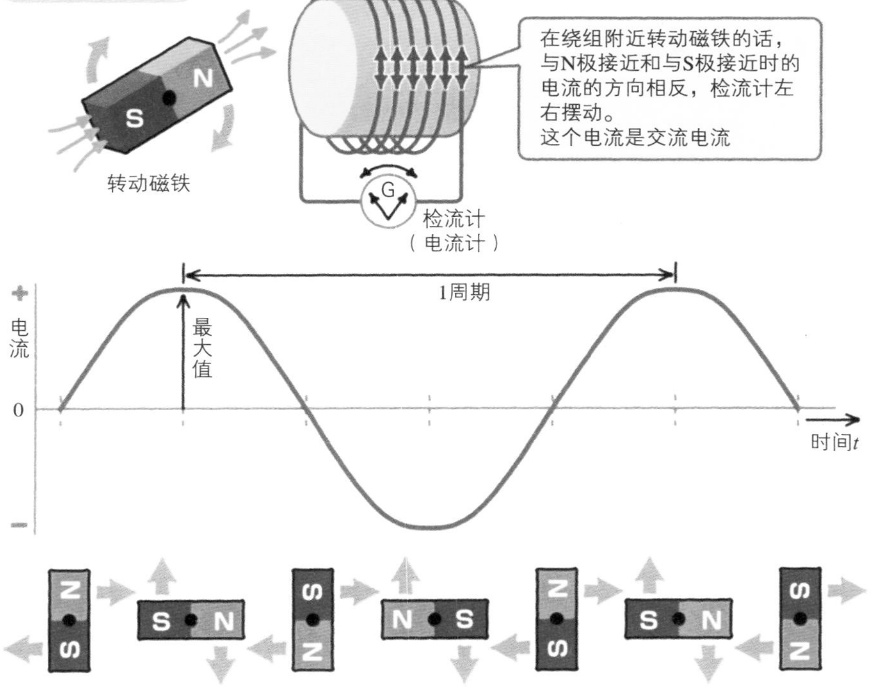

转动磁铁
N
S
在绕组附近转动磁铁的话，与N极接近和与S极接近时的电流的方向相反，检流计左右摆动。
这个电流是交流电流
G
检流计
（电流计）
1周期
+
电流
0
−
最大值
时间t
N S
S N
N S

实际上为了产生正弦波，需要绕组内放入磁铁，另外形状上也要下工夫

b 发电机的断面

绕组
磁铁的旋转
磁通密度低
磁通密度高
S
N
低
磁通密度
高
正弦波的磁通分布

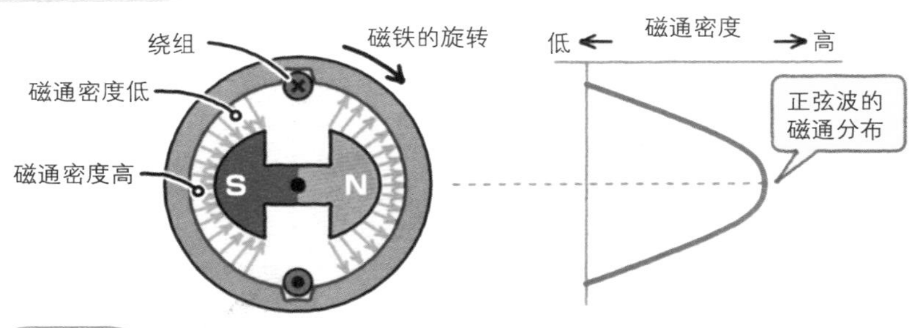

名词解释

交流（Alternating Current，AC）→流向随着时间变化的电流

050 交流电路中有被使用的功率（有功功率）和未被使用回到电源的功率（无功功率）

送到家庭的电一般是单相交流电，如前节所述：为了产生正弦波的电流，输送正弦波的电压。送到家庭的电压是100V（我国为220V）。这个100V的电压尽管最大值约为141V电压波形。说成是100V是因为最大值约为141V的正弦波波形的交流电压等同于直流电压100V的做功。更专业地说，交流电压的“有效值”是100V。而且说交流为100V指的就是有效值。这个有效值100V的电压加到电热板等发热器具上的话，会流过跟电压成比例的电流，电热板的电阻发热消耗功率。功率是每瞬间的电压和电流的乘积，一定为正（+）。此时功率变化的波形如图1所示。

直接使用交流电压的有冰箱、洗衣机、吸尘器、电风扇等的电动机。电动机、变压器等含有绕组的装置加上交流电压的话，会产生跟所加的电压稍微有相位差的电流。电流跟电压有偏差的话，功率不一定为正数，会出现为负数（–）的瞬间。正的功率如在电热板上看到的，是消耗的功率。而负的功率称为没有消耗的功率。总之，正的功率是送达的功率中有效利用的功率，称作“有功功率”。负的功率是虽然送达了但没有消耗、返回到电源的无效功率，称作“无功功率”。送达的全部（有功和无功）功率称作“视在功率”。

要点提示

- 交流的有效值100V与直流100V做的功相同
- 交流回路的电压和电流产生相位差的话，产生无功功率

图1 交流电使用在发热器具时

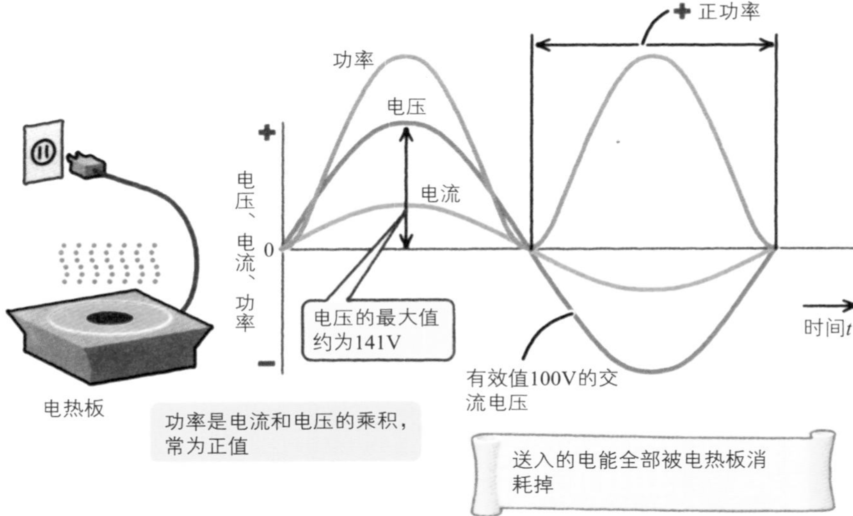

图2 交流电使用在电动机、变压器时

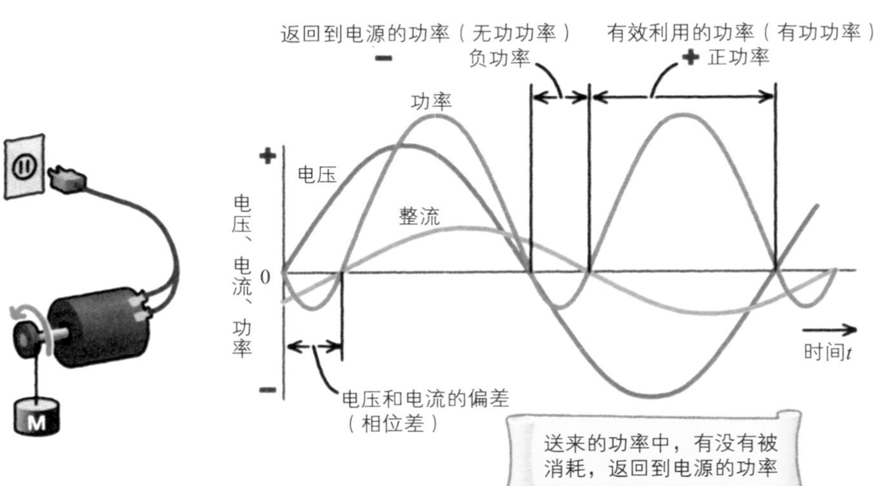

名词解释

有效值→研究交流电压和电流时用到的值，该值与直流电压做相同功的值

相位差→相位是表示波的位置的，相位差表示波的位置的偏差

051 实际被使用的功率（有功功率）和视在功率的比值是功率因数

在交流回路中，电压和电流的偏差（相位差）与功率的消耗有关，在前面曾提到这是有非常重要意义的。交流回路中产生电压和电流的相位差，就会产生无功功率（无效能），无法利用送达的全部功率，这是发生一部分功率（无功功率）返回到电源的现象的原因。

供给交流电的电路中，作为电能输入的能量（VI）叫作“视在功率”。这个视在功率分为实际被消耗的有效能（有功功率）（包含输出损耗）和返回到输入的无效能（无功功率）。有功功率和视在功率的比值称为“功率因数”。而直流电供给的电路中，作为电能输入的能量全部是有功功率，没有功率因数。使用交流电的电路的话，则会被问到装置的“功率因数”。使用“功率因数”低的装置的话，无功功率多。发电机或电源即使送出电能，返回（无功功率）的比率高，做同样的功需要更大的发电机或电源供给电能。

输入有功功率中，输出功率（如电动机的机械能）的比率叫作“效率”。效率是跟交流电路和直流电路无关的，是都要考虑的内容。效率差的电动机因为发热或轴的摩擦大，比效率好的电动机外形要大一些。

要点提示

● 功率因数是交流电路中要考虑的内容，直流电路中不存在

图1 交流的电能转化为机械能的过程

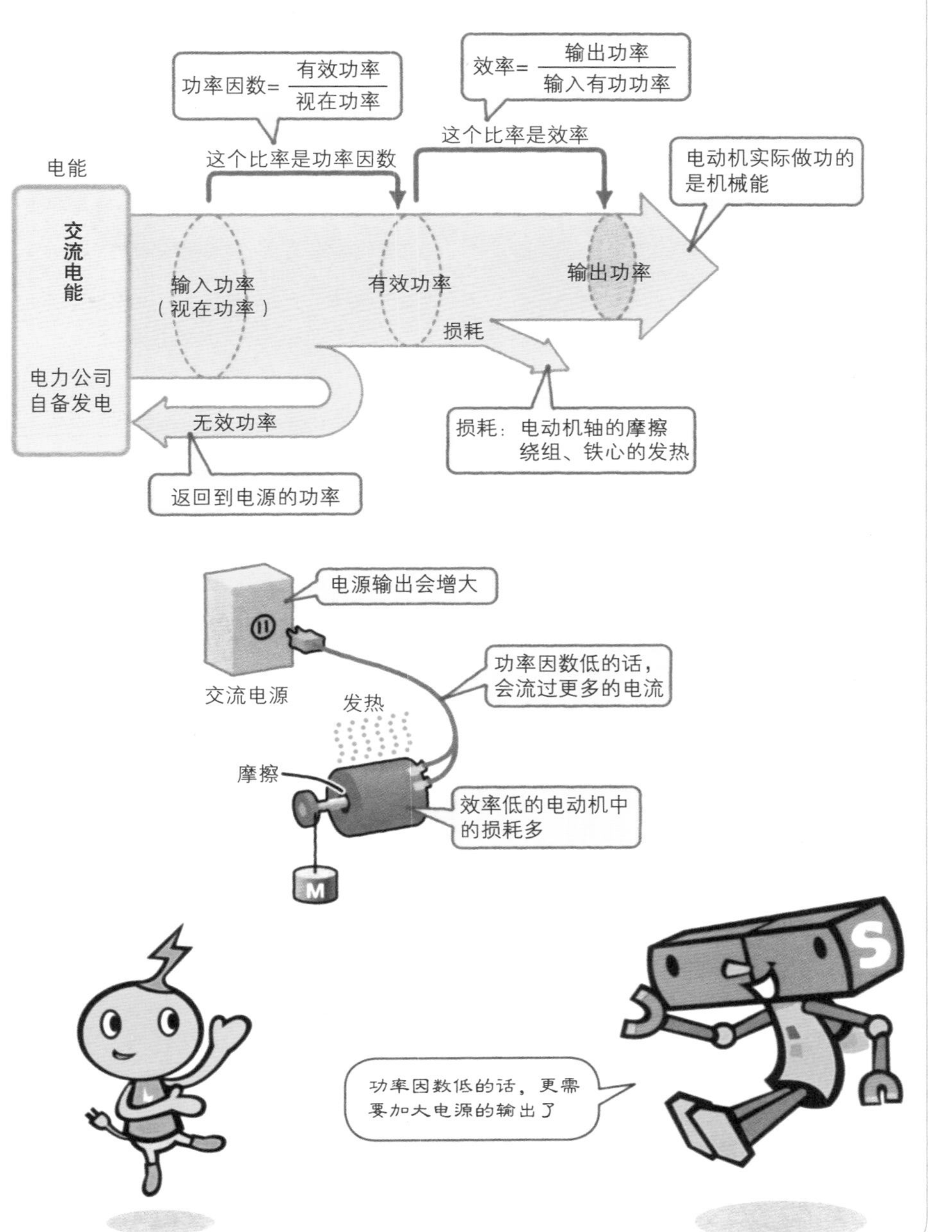

052 涡流也有可能产生负效应

磁铁接近或远离线圈，线圈内会产生电动势，流过电流。而磁铁接近如铝板的板状的金属（导体）的场合，铝板内会流过涡旋状的电流。这个涡旋状的电流在导体放入磁通变化的地方时必定会产生，称之为“涡流”。电流的方向也是一定的，向抵消磁通的增减的方向上产生涡流（楞次定律）。

交流电路与直流电路不同，电流的方向是一直变化的。因为连接到交流电路的线圈上的磁通经常变化，附近的导体内会产生涡流。与电动机有关的现象中，无论如何也要理解的电磁现象就是这个涡流。有效利用涡流是非常有用的，但是有些时候涡流也可能产生负效应。

例如，如铁心等强磁性体上绕的线圈，通过交流电的话，铁心内会产生涡流。根据楞次定律，会在向抵消磁通变化的方向流过电流。铁心流过电流的话、由于铁心内的电阻和涡流而发热，铁心会变热。铁心内产生的热导致能源的损耗，为了防止涡流的发生，使用薄铁片叠层制成的铁心。

涡流的产生在像交流电路等随时间变化而电流变化的电路中是无法避免的现象，但使用直流电的电磁铁上是不会产生的。有效利用涡流的交流电动机是后面要讲的“感应电动机”。感应电动机以外，在家用电器的IH烹调电炉等电磁烹调器上也积极利用涡流产生的热。

要点提示

●直流电路基本不会产生涡流，但是直流电动机上，因为可以用整流器改变电流方向，在电枢上会产生涡流

图1 铝板内流过的涡旋状的电流（涡流）

抵消磁通增
加的磁通
铝板
增加的磁通
S
N
接近
涡流
流过铝板内的电流是涡旋状，因此称之为“涡流”

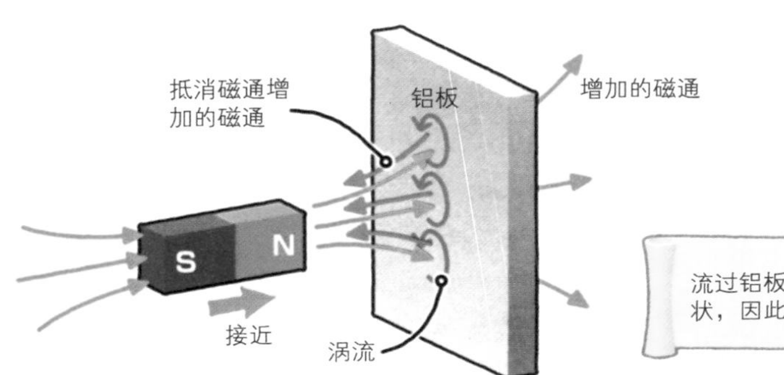

图2 有铁心的线圈内产生“涡流”

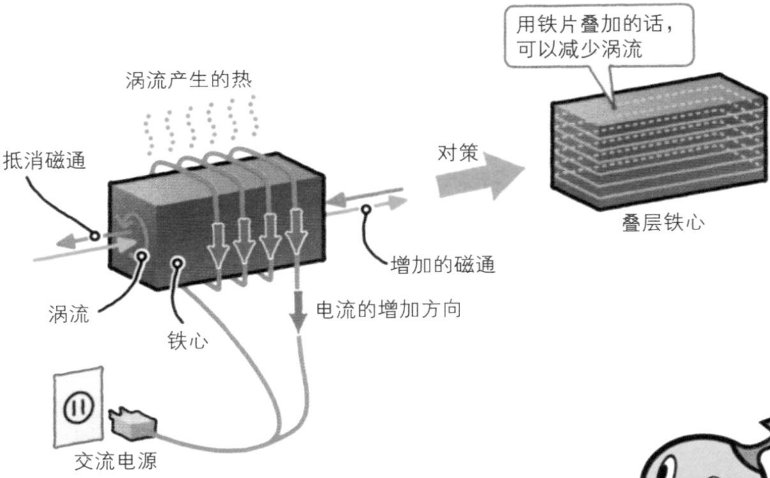

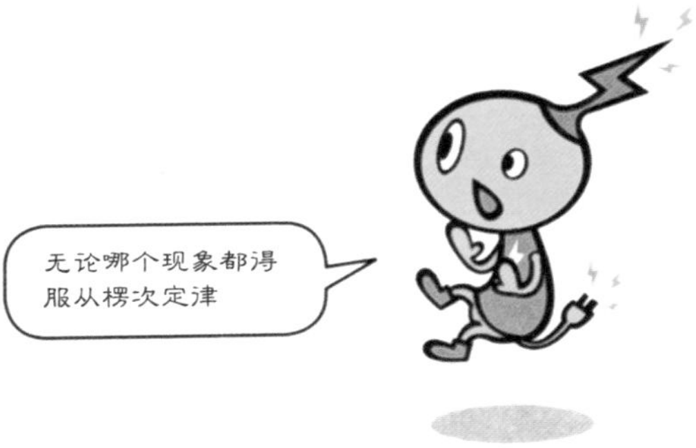

用铁片叠加的话，
可以减少涡流
涡流产生的热
抵消磁通
对策
叠层铁心
增加的磁通
涡流
电流的增加方向
铁心
交流电源

无论哪个现象都得
服从楞次定律

053 用于交流电动机的三相交流电及其性质

电力公司输送出来的是“三相交流”的电压。大型机床、起重机、商场的电梯、自动扶梯上使用的大型动力电动机都用这种三相交流电运转。

三个绕组每隔120° 配置一个，在中央旋转磁铁的话，各个绕组交互产生可以变化方向的电动势（这是单相交流）。绕组的配置角度相差120°，所以产生的电动势的波形也相差120°（角度）。有这种关系的三个电动势称为“三相交流电”。产生如图1所示的正弦波形及大小相同、相位差为2π/3（弧度）电动势，这在发电时实现起来是比较困难的。绕组的位置、磁铁的形状不经过精心设计的话，是无法产生的。

三个单相交流是相互独立的电动势称为A相、B相、C相。三相同时作为三相交流电使用的场合，有必要注意各相的相序。如果忽略相序的话，则无法作为三相交流电使用。

关于绕在电机上的绕组，一般在电路上均需要简化画法。图1b所示为三相绕组的例子之一。

三个同样大小的电动势，有120° 相位差的交流电叫作“对称三相交流电”。对称三相交流电在任何瞬间电压的合计为零。与单相交流用2根电线送电不同，三相交流电需要3根。输送的电能是单相交流电的1.73倍（在同等条件的情况下，译者注）。

单相交流的消耗功率以2倍的频率波动，但是三相交流电路的消耗功率、三个电路的功率合计，则跟时间无关，提供固定功率。

要点提示

- 三相交流电产生互差120° 的三个电动势
- 三相交流电用3根电线输送的功率是单相交流电的1.73倍

图1 三相交流发电的结构和三相交流电波形

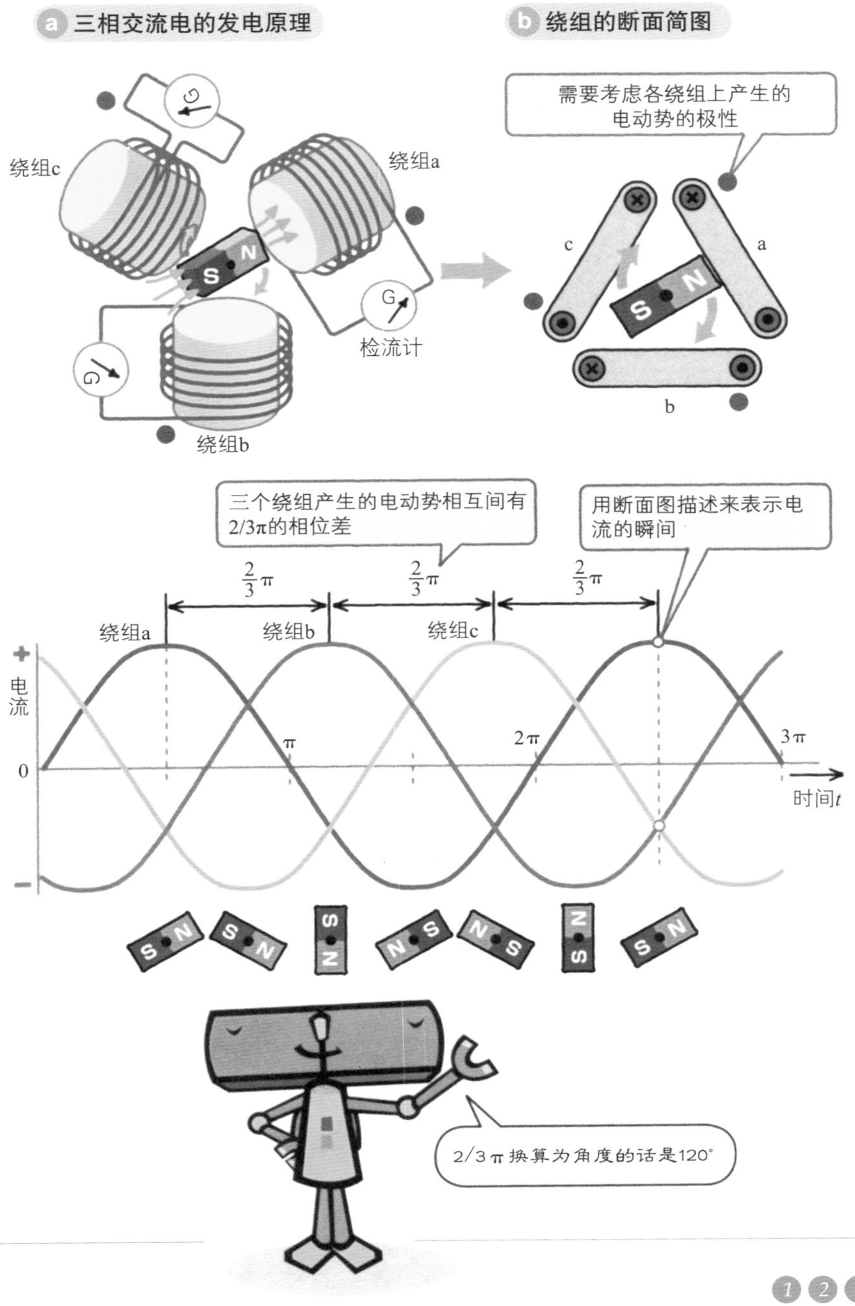

三相交流电源的连接方法有△联结和丫联结

对称三相交流电中，产生的电动势用三角形联结（△联结）或者星形联结（丫联结）来使用。电动机等负载的连接方式同样也有△联结和丫联结。

图1a所示是三相电源的各相用△联结的示意图。这种连接方式：输出终端U-V之间的绕组a输出电压是V_a，同样输出终端V-W之间输出电压是V_b、输出终端W-U之间输出电压是V_c。

图1b所示是三相电源的各相用丫联结的示意图。这种连接方式：三个绕组的一端连接到中性连接点N，剩下的一端作为电源的输出端。电源端之间的电压是绕组产生的电压的1.73倍。

使用三相交流电时，有以下几点需要注意的：①连接的负载的性质相同、大小也相同，这种负载叫作“平衡三相负载”；②要连接高功率因数的负载；③使用三相交流的电动机，三相的各电压均等地加到负载上，所以要考虑平衡三相负载。

同一个电源连接△联结的负载与连接丫联结的负载，加到负载上的电压不同。图2a所示为三相负载用△联结，电源电压直接加到负载上。图2b所示为三相负载用丫联结，加载到负载上的电压是电源电压是1/1.73倍。

因为三相电源和三相负载各有△联结和丫联结，两者的连接方法有△-△联结，△-丫联结，丫-△联结，丫-丫联结四种方法。

要点提示

- 使用三相交流的电动机，相对电源而言被称为“平衡三相负载”
- 三相电源与三相负载的连接方法有四种

图1 三相电流的连接

a 三角形联结（△联结）

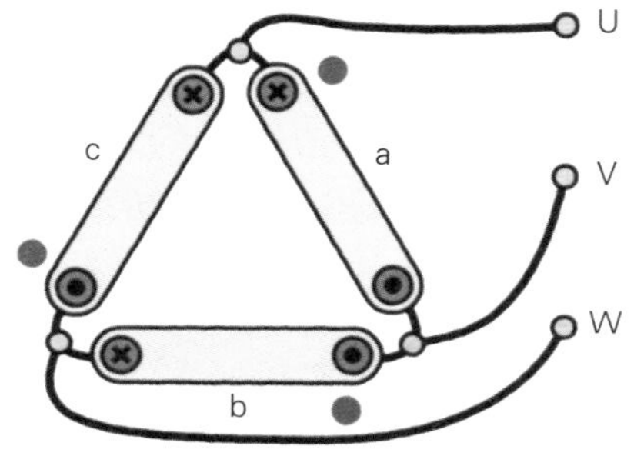

b 星形联结（丫联结）

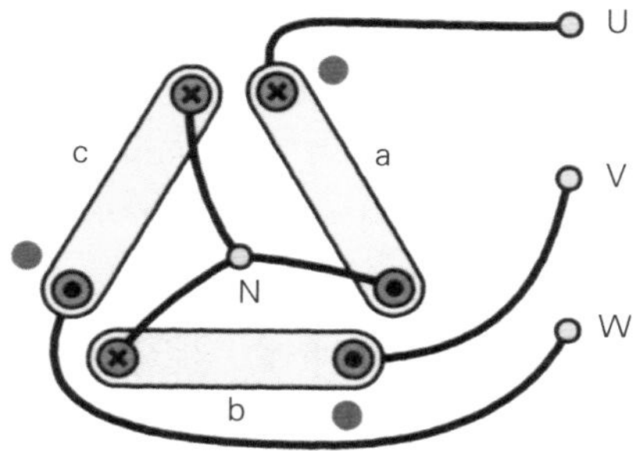

使用三相交流电的场合，三个交流电组合成一个电源使用

图2 三相负载的连接

a 三角形联结（△联结）

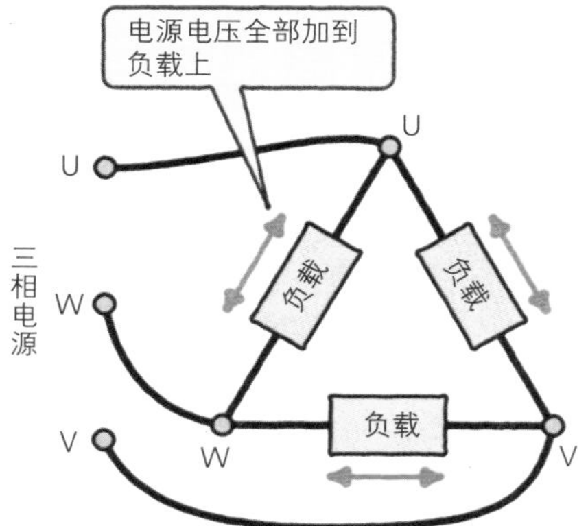

b 星形联结（丫联结）

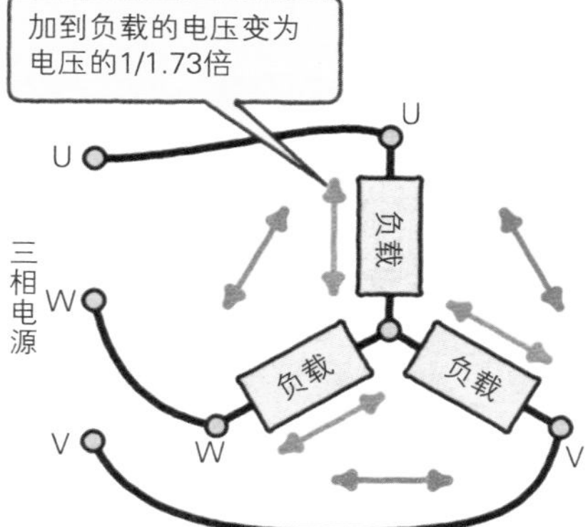

连接的三个负载性质、大小都相同。
将它叫作平衡三相负载

055 三相交流电可以产生旋转磁场

与发电相反，隔120° 放置的绕组通过三相交流电流的话，围着三个绕组的指南针开始旋转（指南针的质量可以考虑为0）。这是因为内部的合成磁场（$H=h_a+h_b+h_c$）的方向随着时间旋转移动。这种方向旋转移动的磁场叫作“旋转磁场”。像指南针等由1组的极性（N极和S极）产生的旋转磁场叫作“2极旋转磁场”。

三相交流电流产生的旋转磁场H在旋转过程中，没有强度的变化。常以一定强度的磁场旋转。旋转磁场无法用眼睛确认，但是可以根据指南针的旋转确认。根据图1c所示，可知指南针在三相交流的1周期（t_1~t_4）中旋转一周。

上面所述的旋转磁场是通过三相交流电实现的。实际上旋转磁场也可以通过两相交流电产生。如图1b所示在直角位置配置的绕组产生的电流有90°（π/2）的相位差。这两个电流加到相隔90° 角的两个绕组上，合成的磁场（$H=h_a+h_b$）随着时间方向改变，旋转一周。而且合成磁场强度H跟三相交流电一样，在一个周期内保持同样的大小。

一般有相位差的两个电流通过物理上相隔有角度的两个绕组的话，两个绕组引起的合成磁场H的方向随时间变化旋转一周。但是两个电流的大小不同、相位差不是90° 的话，所合成磁场H旋转一周时，磁场强度不稳定，时而变大时而变小。两相交流电产生的旋转磁场在单相感应电动机起动时很重要。

要点提示

●两相旋转磁场在单相感应电动机起动中是十分必要的

图1 旋转磁场的发生

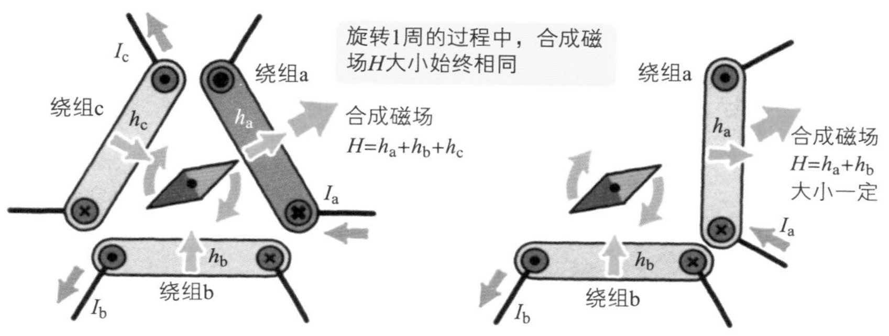
a 三相绕组的旋转磁场（时刻t_1）
b 两相绕组的旋转磁场（时刻t_1）
旋转1周的过程中，合成磁场H大小始终相同
I_c
绕组a
绕组c
h_c
h_a
合成磁场
$H=h_a+h_b+h_c$
I_a
h_b
I_b
绕组b
绕组a
h_a
合成磁场
$H=h_a+h_b$
大小一定
I_a
h_b
I_b
绕组b

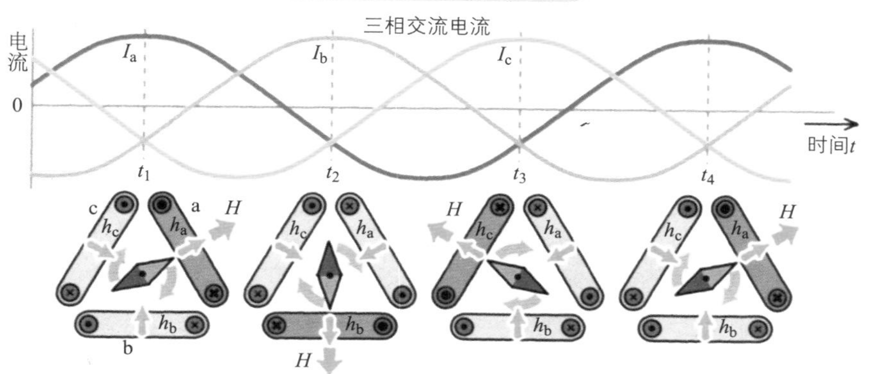
c 三相交流电流和旋转磁场
三相交流电流
电流
I_a
I_b
I_c
0
时间t
t_1
t_2
t_3
t_4
c
a
H
h_c
h_a
h_b
b
H

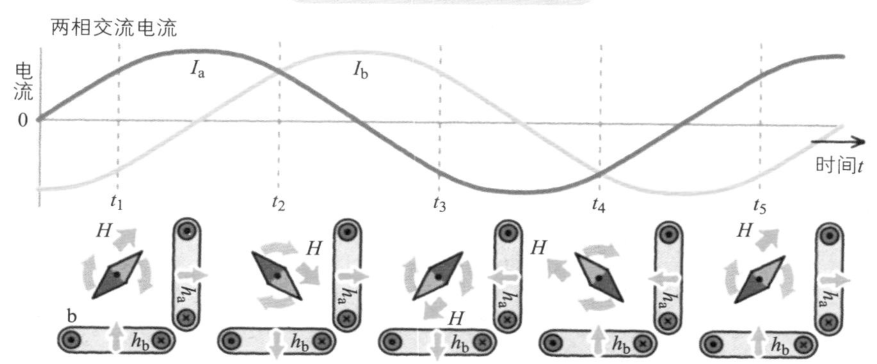
d 两相交流电流和旋转磁场
两相交流电流
电流
I_a
I_b
0
时间t
t_1
t_2
t_3
t_4
t_5
H
h_a
h_b
b

056 涡流和阿拉戈圆盘

磁铁向铝板接近时，铝板内会产生涡流。产生电流的原理是楞次定律。而这个涡流对于利用铁心的机器来说，其存在是相当麻烦的。但在交流电动机上，这个涡流成为电动机的驱动原理。

产生涡流的机理是磁通的变化。使磁通变化的方法有移动旋转磁铁，此外还有别的变化磁通的方法。如图1a所示，在像铝那样的金属板（导体）上移动磁铁，移动方向的前方磁通增加，磁通密度变高。在抵消这个的方向上产生“涡流①”，相反，后侧的磁通减少，磁通密度变低，使磁通增加的方向上流过“涡流②”。在磁铁的正下方的这两个涡流的方向相同，在图1a上是向前流过。相对于铝等导体，平行移动磁铁会产生涡流。根据磁通和电流的关系，铝板向右方受力（弗莱明左手定则）。

如图1b所示，在圆盘形的铝板周围移动磁铁的话，铝板内产生的涡流和磁铁的磁场间的关系符合弗莱明左手定则，铝圆盘会向磁铁的移动方向旋转。交流感应电动机就是利用这种根据磁场移动产生的涡流跟磁场相互作用产生转矩的原理。这个旋转原理是由法国的物理学、数学家阿拉戈（Francois Jean Dominique Arago，1786—1853）在1820年发现的，叫作“阿拉戈圆盘”。

要点提示

- 导体的附近，平行移动磁铁也会产生涡流
- 交流感应电动机的工作原理是“阿拉戈圆盘”

图1 涡流和阿拉戈圆盘

a 磁铁的移动和涡流的产生机理

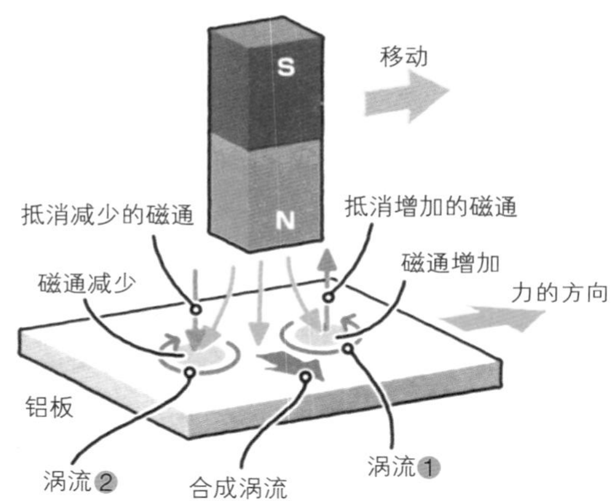

b 阿拉戈圆盘

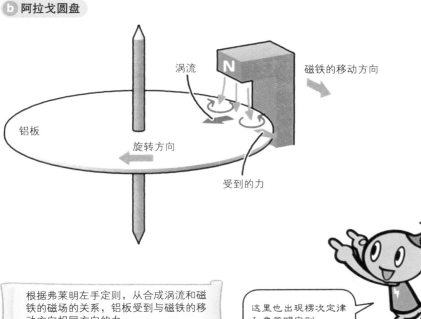

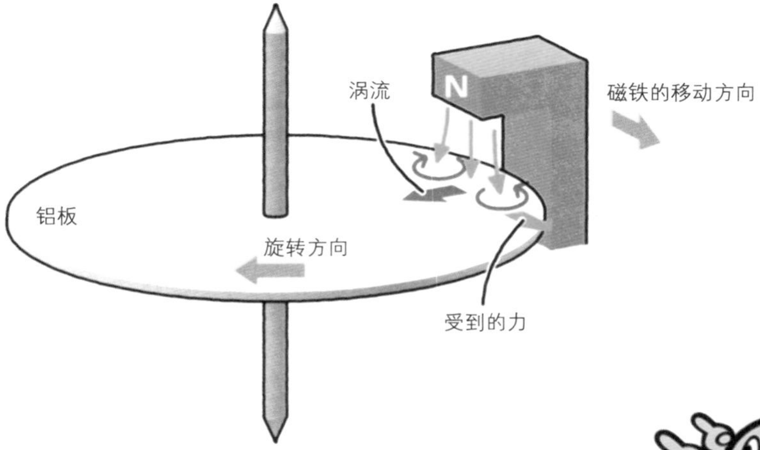

涡流
N
磁铁的移动方向
铝板
旋转方向
受到的力

根据弗莱明左手定则，从合成涡流和磁铁的磁场的关系，铝板受到与磁铁的移动方向相同方向的力

这里也出现楞次定津和弗莱明定则

057 三相交流感应电动机的工作原理和基本结构

三相交流加到绕组上的话，产生连续的大小不变的旋转磁场。这里研究一下以三相交流电产生的旋转磁场和涡流之间做功的力作为工作原理，来了解感应电动机的结构。

如图1所示，用铝罐替换阿拉戈圆盘，然后转动磁铁，铝罐上产生涡流，与磁铁的磁场相互作用，铝罐也可以转动。这就是感应电动机的原理。旋转磁场和涡流之间产生的力旋转铝罐。这里旋转磁铁生成了旋转磁场，但是使用三相交流的话，物理上不做旋转动作，也可以产生旋转磁场（见055节）。实际上一般在外侧安装产生旋转磁场的三相绕组，在内侧安装作为转子的产生涡流的导体（铝等）。跟安装铝罐一样，内侧的导体产生涡流，由这个涡流和旋转磁场间的作用，导体受转矩作用而旋转。

图2所示的是三相交流感应电动机的断面图，外侧的铁心（定子）的槽上，嵌入三个绕组（定子绕组），用三相连接（△联结或丫联结）。于是，各绕组（绕组a、b、c）流过三相电流（I_a、I_b、I_c），产生旋转磁场。三个绕组产生旋转磁场的场合，各绕组通过的电流等分流入终端（⊕）3个和流出终端（⊙）3个。在电动机的中心旋转磁场的方向是固定的，磁铁的N极和S极犹如在旋转一样。这种产生两极的旋转磁场的定子绕组叫作“2极的定子绕组”。

要点提示

●感应电动机由于旋转磁场和涡流的相互作用而转动

图1 用铝罐示意感应电动机的工作原理图

在空铝罐的周围转动磁铁的话，铝罐也会旋转。这是感应电动机的原理

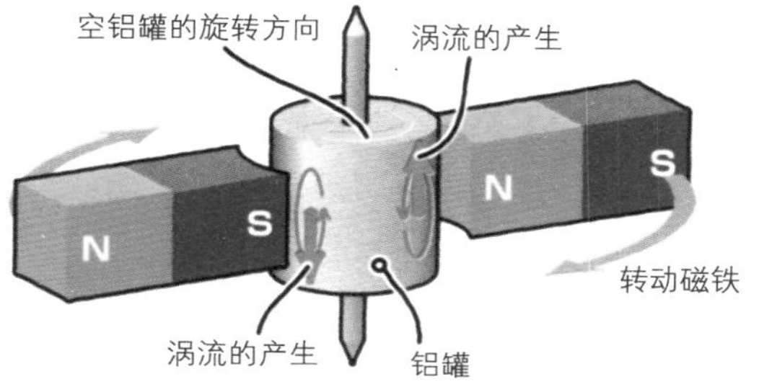

用铝罐替换阿拉戈圆盘的话，可以做成感应电动机

图2 感应电动机的断面图

用三相绕组代替磁铁产生旋转磁场

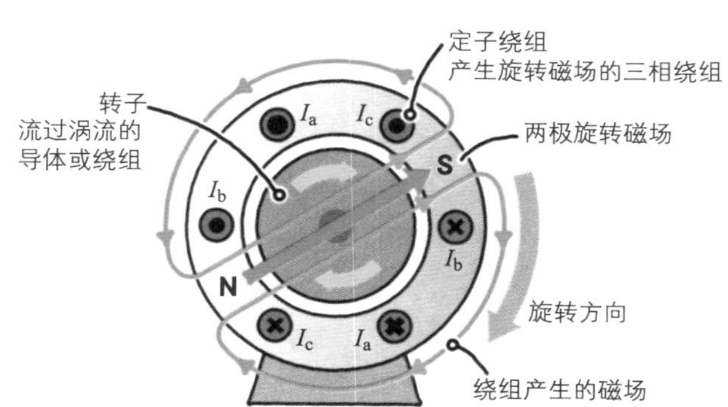

058 三相感应电动机根据转子绕组的结构不同分为两种

感应电动机因为结构部件少，可以做得很坚固，可以在恶劣的条件下使用，经常用在泵、卷扬机等机械上。而且不需要像直流电动机那样维护换向器和电刷等部件，随着半导体技术的发展，控制更加容易，代替直流串励电动机在电车等机械上的应用逐渐多了起来。

三相感应电动机的旋转部分（转子）有使用通过涡流的导体作为绕组的和使用铜、铝等金属制成笼状的。用金属制成笼型的转子称为“笼型转子”（见图1a）。使用绕组的转子称为“绕线转子”（见图1b）。

图1a所示是笼型转子的结构。转轴（不锈钢）上安装硅钢片叠层的转子铁心，在槽上放入制成笼状的导体（转子导体）。笼型转子因为结构简单，可以制作得很牢固。

图1b所示为绕线转子，与笼型转子不同的地方是，使用了绕组（三相绕组）作为导体。因为产生的涡流流过绕组（三相绕组），可以向外部导出电流并进行控制。为此安装了叫作集电环的导出电流的金属。这个集电环是跟直流电动机的换向器相似，是环状但没有换向作用，只是导出电流的部件。

如图1c所示，转子上绕组的三相连接的一端连接到集电环上，从集电环经由电刷导出电流。

要点提示

- 三相感应电动机有无需维护的特征
- 绕线转子可以使用集电环在外部调整电流

图1 三相感应电动机的转子

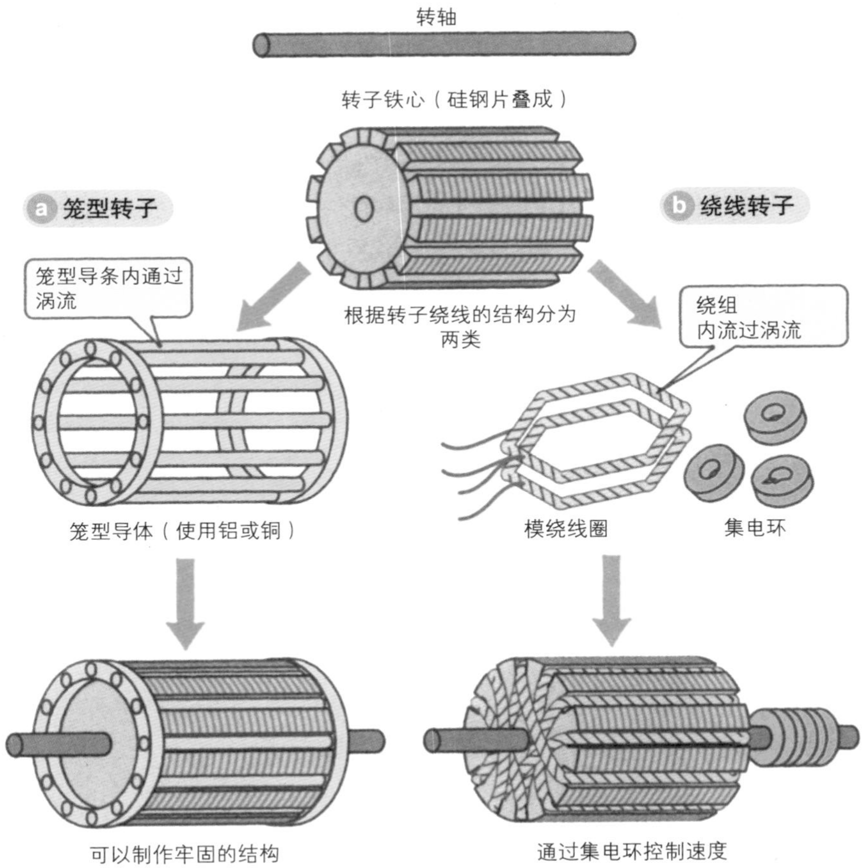

转轴

转子铁心（硅钢片叠成）

根据转子绕线的结构分为两类

a 笼型转子

笼型导条内通过涡流

笼型导体（使用铝或铜）

可以制作牢固的结构

b 绕线转子

绕组内流过涡流

模绕线圈

集电环

通过集电环控制速度

c 从集电环取出电流

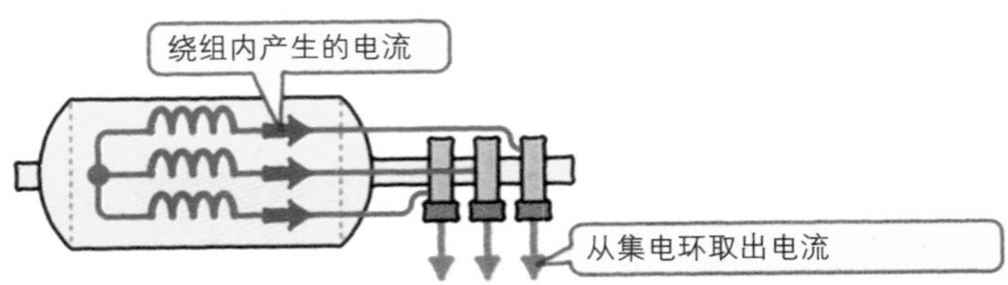

059 通过定子绕组的绕法来改变转速

在055节中介绍的旋转磁场是在三相交流的各相上各连接一个绕组所产生的。这种场合绕组产生的磁极为1组（N极、S极），所以叫作“2极的定子绕组”（见057节）。这种2极的定子绕组上加三相交流电的话，旋转磁场的转速（与频率一样）跟三相交流电一样。这里分析一下，定子绕组的绕法如何改变感应电动机的转速。

如图1所示，两个模绕线圈配置在对向位置上连接，做成各相的绕组。图1a中只画出了A相绕组。图1b所示的是改变各相120° 位置，三相连接的状态。这样配线的话，产生的磁极为2组（4极）。这个绕组加上三相交流的话，可以确认1周期（t_1~t_4）中旋转磁场旋转1/2转。也就是说4极的定子绕组，旋转磁场的速度是施加的三相交流电的频率的一半。

055节中的2极旋转磁场的转速跟频率一样，绕组的极数增加的话，速度会反比例地减低。绕组的极数和旋转磁场的速度关系如下：

$$\text{旋转磁场的速度}n_s=2\times\frac{\text{三相交流的频率}}{\text{绕组的极数}}\ \text{r/s}$$

其速度单位为r/s。

这个旋转磁场的速度n_s称为“同步速度n_s”。

例如，日本关东地区由于三相交流电是50Hz，4极的三相感应电动机的同步速度n_s是每秒25转。1min的转数是1500转，表示为1500r/min。

要点提示

●同步速度n_s由三相交流的频率和绕组的极数所决定

图1 绕组的绕法和转速

a 绕组的连接方法（A相）

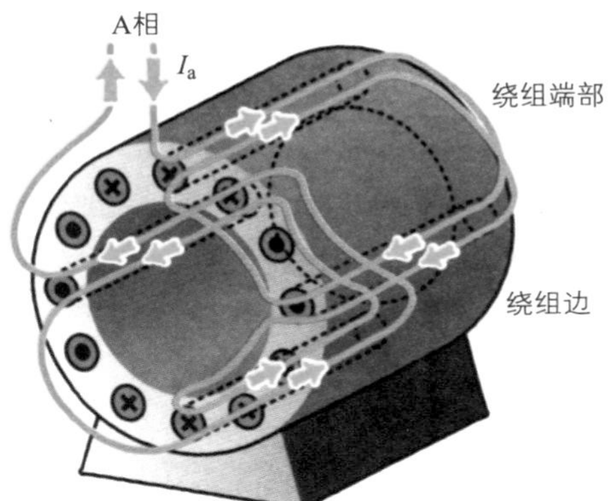

b 绕组的三相连接（4极）和在t_1时的电流方向

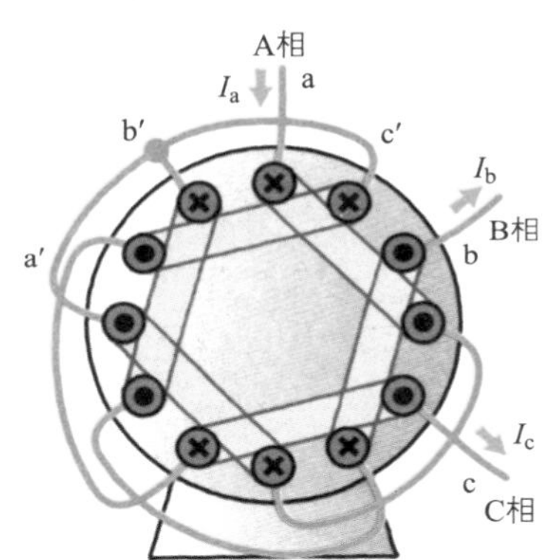

c 磁场的旋转为1/2转

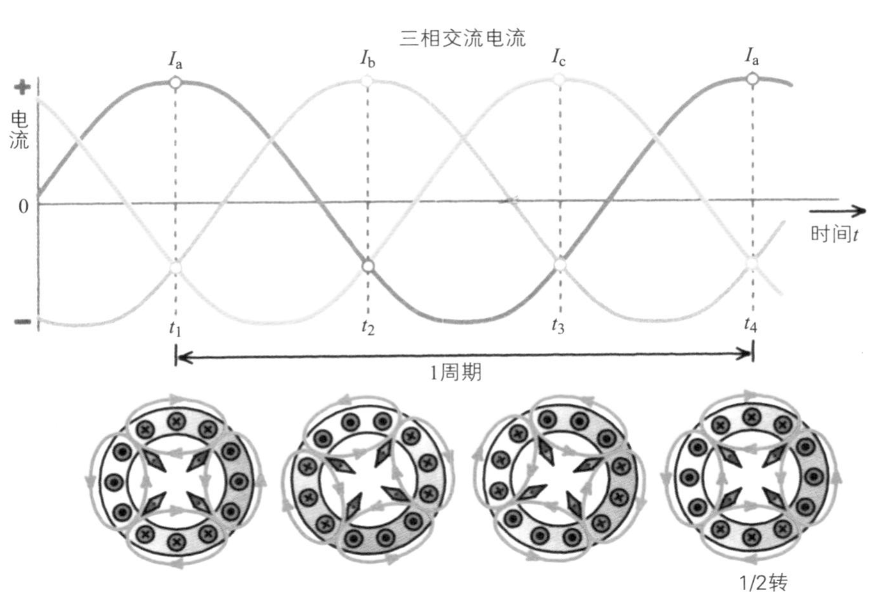

060 感应电动机的转速和“转差率”

我们常常有这样的经历，因为手滑无法打开门把手或无法打开果汁的瓶盖。这种“打滑（在电动机称为转差）”的现象在感应电动机上也存在。实验室的阿拉戈圆盘，如果不拼命转动磁铁的话，圆盘是不容易转动的。磁铁转动10转，圆盘勉强才转动1转。就是说9转的旋转是“滑掉了”。但是一旦开始旋转的话，圆盘的旋转速度不断加快追上磁铁的转速。阿拉戈圆盘是感应电动机的原理，所以感应电动机也会产生同样的“转差”的现象。

阿拉戈圆盘如果用手转动的话，很容易观察打滑（转差）的现象。实际使用的三相感应电动机是用电源频率（每秒50Hz或60Hz）旋转磁场的，转差的状态无法用肉眼看到。但是三相感应电动机在接通电源的瞬间，边转差边旋转。稍过一段时间（实际是瞬间时间），追上旋转磁场的转速。最终，旋转磁场以“同步速度n_s”转动。

三相交流的旋转磁场以同步速度n_s来转动定子。转子的转速逐渐追上旋转磁场，以比同步速度n_s稍慢的速度n旋转。这种转子的旋转速度n比同步速度n_s稍慢的现象叫作转子发生了转差。转差率表示的是相对同步速度n_s，转速n以何种比例旋转，用下式计算得

转差率s=（同步速度n_s−转速n）÷同步速度n_s

转差率s的大小范围为0~1。$s=1$的状态是电动机停止的时候，$s=0$是电动机用同步速度转动的时候。空载运转时，转差率s接近0的状态。

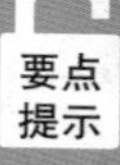

要点提示

●转差率s表示转速n比同步速度n_s慢的程度

图1 三相感应电动机的“转差率”

a 阿拉戈圆盘的滑动

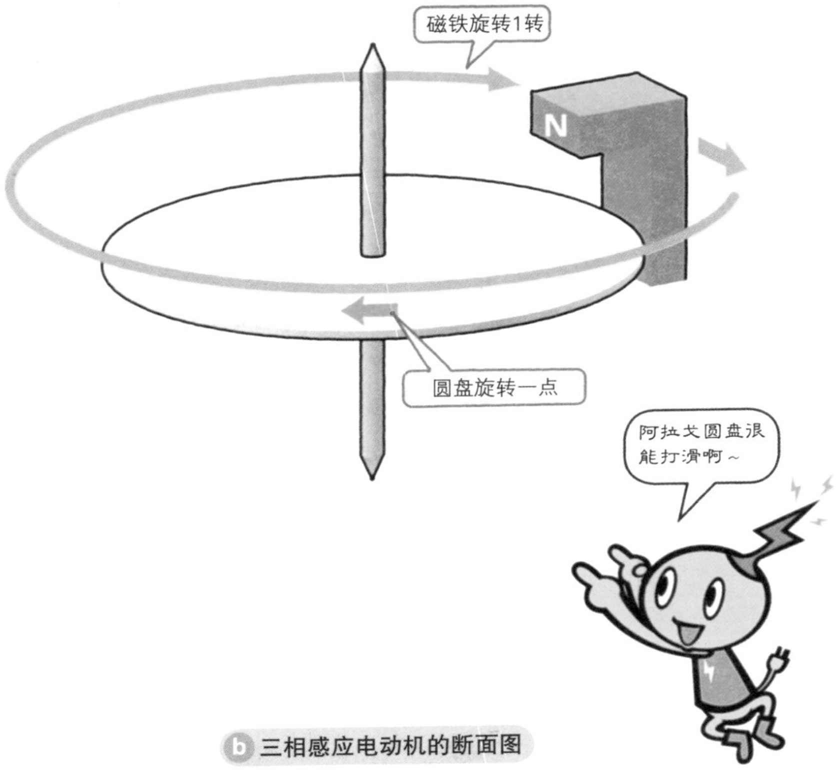

磁铁旋转1转

N

圆盘旋转一点

阿拉戈圆盘很能打滑啊～

b 三相感应电动机的断面图

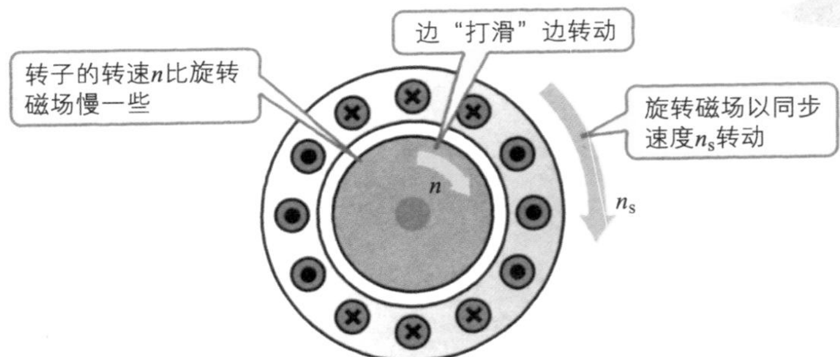

名词解释

同步速度n_s→旋转磁场的转速

061 三相感应电动机的起动转矩比直流电动机的小

直流电动机的起动转矩非常大，开始转动后转矩会减少。与它相比，三相感应电动机的起动转矩小，开始转动后，中途转矩会变大，最终在对应负载的转矩T_1（转差率s_1）下转动。三相感应电动机是有随着负载增加而转矩增加的特征的电动机。另外，在起动时所通过大电流是跟直流电动机的一样，是必须处理的。关于这些对策，将在后面说明。

三相感应电动机是应用在抽水机等的小型化机械的电动机。在电梯或机床上使用的大型电动机被看到的机会不多。对于大型电动机，在起动时需要注意上述的过大电流。这里介绍一下大型三相感应电动机的起动过程。

如图1所示，三相感应电动机加上电压，电动机在起动转矩T_s下开始转动。这时接上比起动转矩T_s小的负载（T_1），电动机在转矩差（T_s-T_1）下开始转动。然后，转速增加（转差率s变小）、转矩变大，超过转矩的最大值（堵转转矩）转差率s接近0时，转矩急剧下降。最终，在负载和电动机的转矩T_1平衡的状态下旋转。电流在起动时最大，随着转速增加而逐渐下降。在同步速度n_s下旋转时，几乎不通过电流。

负载的转矩T比起动转矩T_s大的场合，电动机无法转动。在停止状态下，无法起动。

要点提示

- 三相感应电动机在施加超过起动转矩T_s的负载时，无法转动

图1 关于三相感应电动机的起动

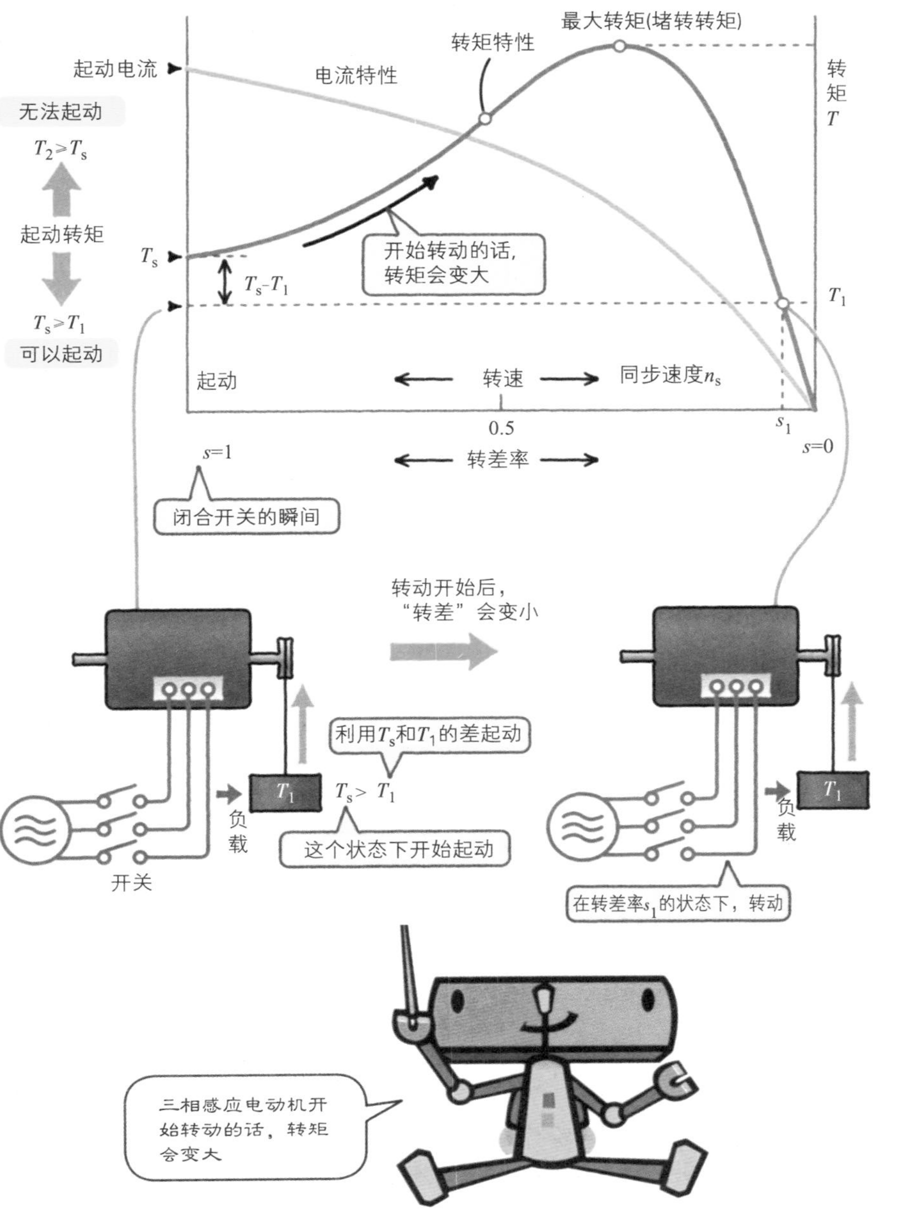

062 三相感应电动机有“笼型”和“绕线转子型”

跟直流电动机一样，电动机变大的话，加载电压时的大电流对电动机和电源装置会产生很大的损害。作为对策，三相感应电动机在起动时加载低的电压。

起动时使电压减低的方法有下几种方式：

如图1a所示，改变三相电路连接（Y-△起动）。起动时定子为Y联结，然后加电压，转速充分提升后，切换到△联结运转。这样做的话，起动（Y联结）时，加到定子绕组的电压约为电源电压的1/1.73，通过这种方式可以抑制电流。

如图1b所示，使用串励变压器等起动补偿器。根据变压器的输出抽头位置的不同，可以自由设定电压。一般起动电压设定为全电压的40%~80%。转速充分提升后，切换为全电压（100%）运转。

绕线转子感应电动机可以通过集电环把转子里产生电流（涡流）引到外部（见058节）。如果可以调整该电流，会大大改变电动机的特性（笼型感应电动机是无法做到这一点的）

如图1c所示，加大外部连接的电阻（次级电阻：起动电阻器）来抑制电流，起动时的电流会变小，转矩会变大。特点是，起动时状态非常好。转速提升后（转差率s变小），通过减小次级电阻，可以一边抑制电流一边提升转速。

起动电阻器为了使三个次级电阻可以有级地切换，配置为圆形的接点。

要点提示

- 三相感应电动机的起动方法是降低起动电压
- 绕线转子感应电动机通过集电环抑制电流进行起动

图1 三相感应电动机的起动方法

a 用Y－△起动器的方法

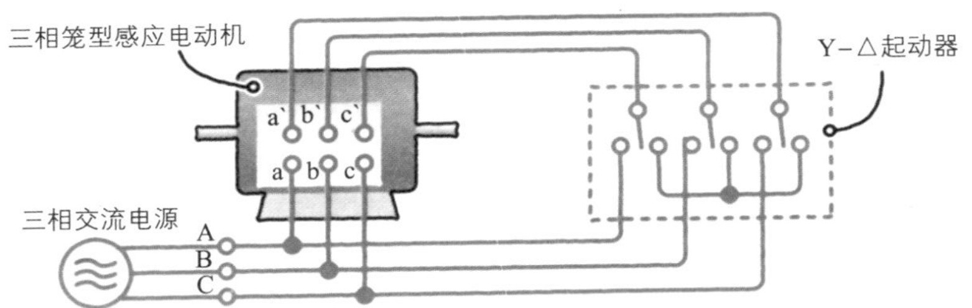

b 用起动补偿器的方法

起动补偿器是使用三相串励变压器，起动时电压可以下调到40%~80%

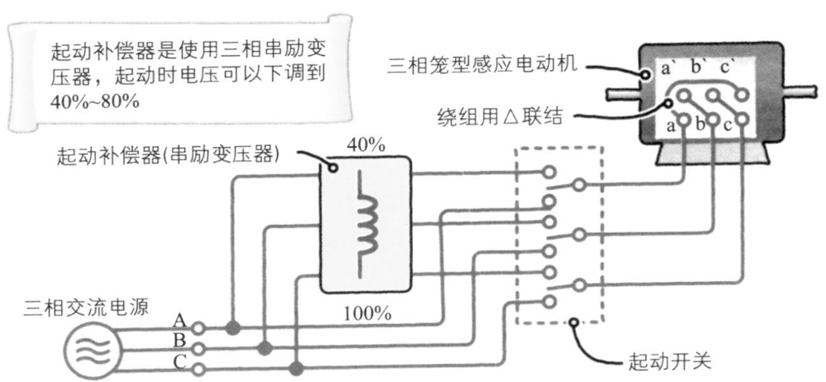

c 用起动电阻器的方法

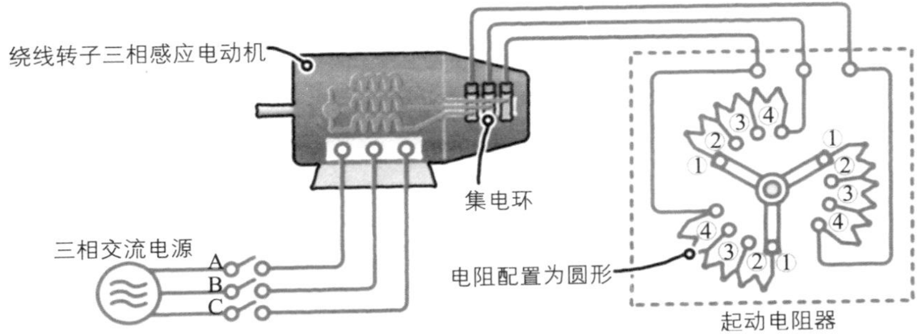

063 三相感应电动机的转速控制是通过电压和频率实现的

三相感应电动机结构简单不易损坏，而且控制性能好，与半导体等控制装置配合后，常作为汽车、电车、电梯等移动机械的动力使用。这里说明一下三相感应电动机基本的转速控制方法。

三相感应电动机的转矩跟电压的二次方成正比。因此改变电压的话，转矩会以电压的二次方比例发生改变。如图1a所示为对于一定转矩的负载，电压变化（$V_1 \rightarrow V_2 \rightarrow V_3$）的话，转差率$s$会变化（$s_1 \rightarrow s_2 \rightarrow s_3$），这样就可以调整转速。这种调整转速的方法，叫作“转矩的比例推移”。

在059节中，已经确认了增加定子绕组的匝数，转速跟绕组的匝数成反比地减小的事实。这里说明的是改变定子绕组的连接方式，通过增减极数来调整同步速度的方法。主要使用在笼型感应电动机。

图1b所示是串联绕组成4极的场合，图1c所示是并联绕组成8极的场合。从图1b切换到图1c，极数变为两倍、转速会减半，可以有级地调整速度。

使用变压-变频电源（VVVF逆变器）、周波变换器，改变供给感应电动机的电压的频率，旋转磁场的同步速度也会变化（见059节），可以在很大范围内控制速度。

此外，三相感应电动机的转动方向由所加的三相交流电的相来决定转动方向。所以为了使电动机反向转动，更换三相交流电源的三根线中的任意两根线，定子绕组产生的旋转磁场的方向就会相应地改变。

要点提示

●三相感应电动机可以通过VVVF逆变器得到很好的控制。因此代替直流电动机应用在电车等设备上

图1 感应电动机的转速控制方法

a 用次级电阻的方法

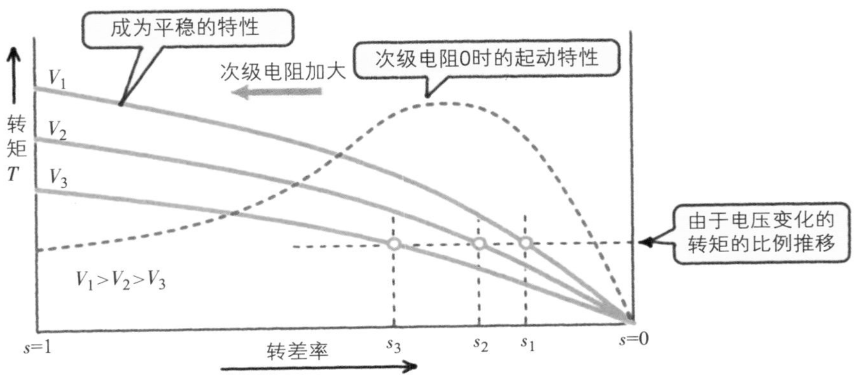

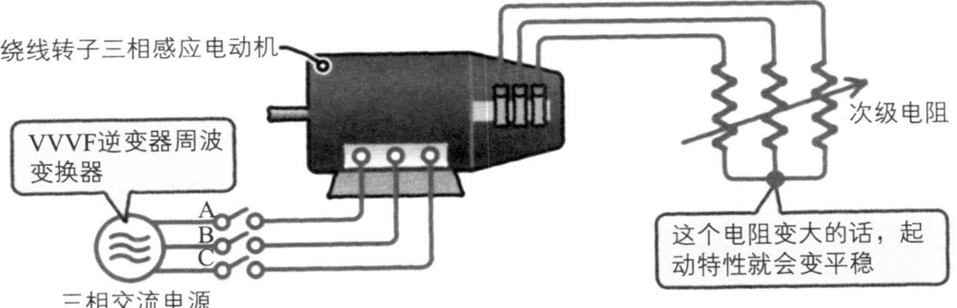

b 串联成4极的场合

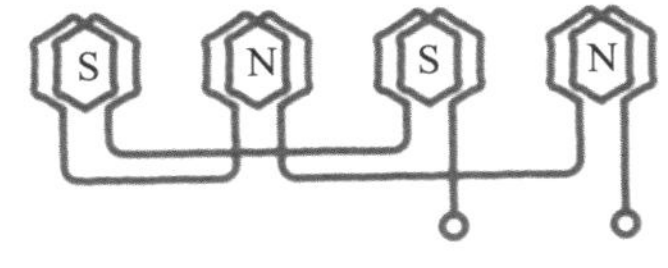

同步速度n_s=1500r/min
(电源频率为50Hz时)

c 并联成8极的场合

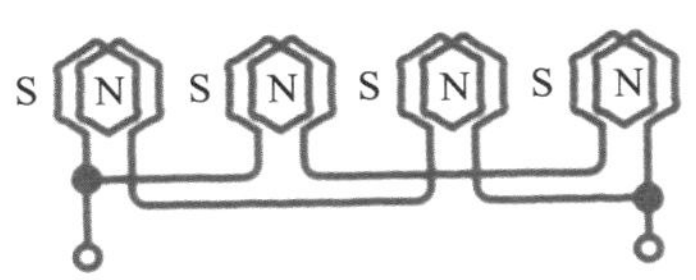

同步速度n_s=750r/min
(电源频率为50Hz时)

名词解释

VVVF逆变器→变压–变频的直流–交流变换器

周波变换器→可改变频率的交流–交流变换器

064 家庭中使用的单相感应电动机的结构和特征

单相交流不会产生旋转磁场，为了使磁场旋转需要下些工夫。这里介绍一下单相感应电动机的结构。

单相感应电动机的定子绕组安装在外侧并加交流电压，内侧的转子绕组通过感应电流得到转矩，所以跟三相感应电动机结构上一样。但是用单相交流电无法起动。

感应电动机一旦开始转动就可以继续转下去，将单相交流电变换成两相交流电，产生临时的旋转磁场来起动电动机，当达到一定转速后，用离心开关切换到单相交流电上。当然也有用两相交流电继续运转的。

令人惊讶的是单相感应电动机上加上单相交流电后，借助人的手转动的话，同样也可以开始转动。一旦开始旋转便可以毫无障碍地作为感应电动机使用。所以用手起动也是其中的一种方法。

但是，没有旋转磁场为什么可以旋转呢？图1a和b所示的是如图1c中交流电流通过绕组时，产生的磁通量Φ的样子。图1a是正半波的时候，图1b是负半波的时候。不管哪一个都可以分解成相互反方向速度一样的旋转的两个旋转磁通Φ_a和Φ_b来考虑。这样考虑的话，单相感应电动机受由Φ_a引起的转矩T_a和由Φ_b引起的转矩T_b作用，这两个的合成转矩T，成为实际转动电动机的转矩。

图1d表示的是转矩和速度（转差率）之间的关系。停止时，$T_a=T_b$，合成转矩$T=0$，电动机无法起动。但是，一旦开始转动，T_a和T_b的大小发生变化会产生差值，合成转矩$T>0$产生转矩，所以电动机可以转动。

要点提示

●单相交流电不产生旋转磁场，为了转动感应电动机需要下些工夫

图1 单相感应电动机转动的原理

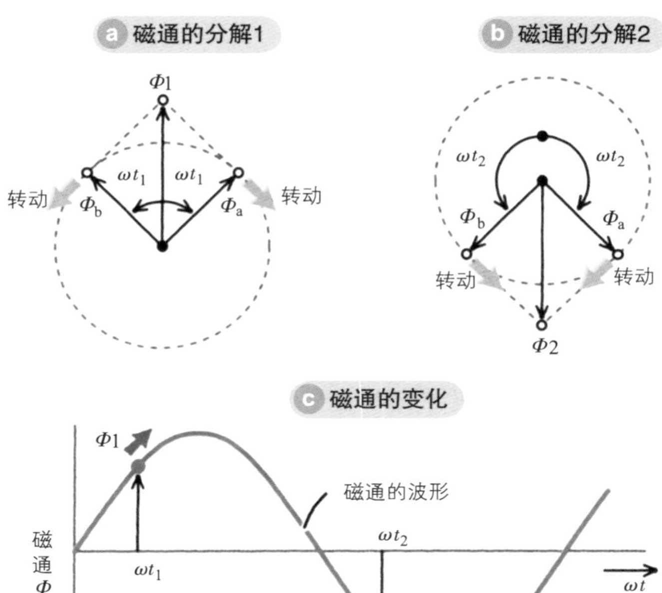

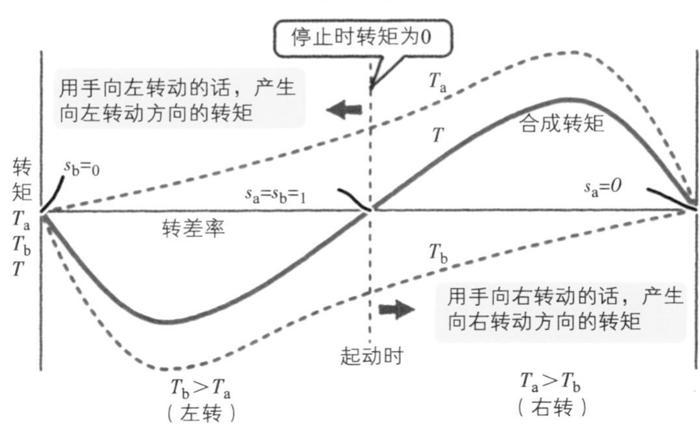

065 单相感应电动机的起动方法

一般来说，单相感应电动机为了产生两相旋转磁场，主绕组和起动绕组按直角来布置，用错开电流的相位的方式来起动。

电风扇、换气扇上使用的几乎都是“单相电容起动感应电动机”（电容电动机）。这种电动机为了产生两相旋转磁场，将起动绕组和电容器串联，在起动绕组上的加上电压V产生了超前电流I_a。

电动机开始转动后，电容器是无用的。因此可以使用离心开关或继电器，断开起动绕组。流过起动绕组的超前电流I_a和流过主绕组的滞后电流I_m的合成电流成为流出电源的电流I。而且因为这个电流I跟电压V的相位差小，有着电动机的功率因数（$\cos\theta$）高的优点。因此有些类型的电动机转动以后也不切除电容器，仍连接起动绕组运转。

另外，有种类型叫作“单相分相起动感应电动机”。这种电动机通过将起动绕组使用的电线变细，内部电阻r变大、匝数减少、电抗（电流抑制能力）变小的方式，在使电流I_a不滞后于电压V上下工夫。

小型的电风扇或换气扇使用的电动机中有一种叫作“单相罩极感应电动机”的类型。这种电动机由一个绕组（主绕组）产生磁通，在磁通路线上设置叫作“罩极绕组”的短路绕组（像戒指一样的环），使通过“罩极绕组”的磁通$\varPhi_S$和通过其他部分的磁通$\varPhi_M$之间产生相位差。

要点提示

●单相感应电动机使用绕组、电容器，在起动时电流产生相位差而产生旋转磁场

图1 单相感应电动机的起动

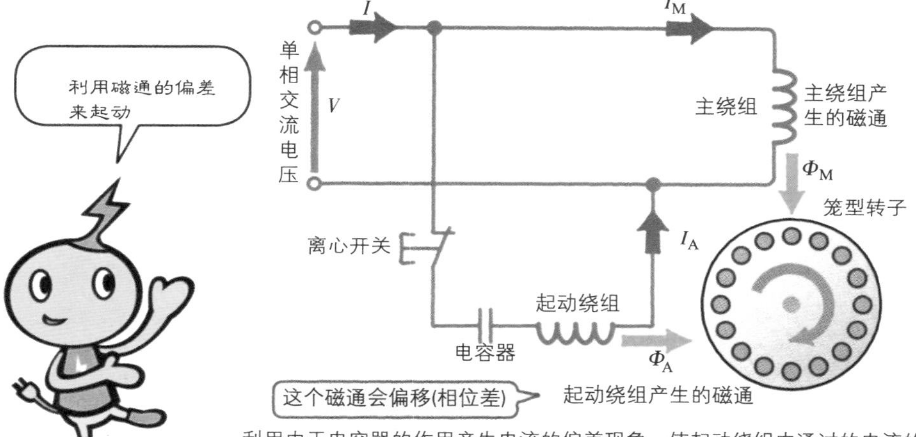

利用由于电容器的作用产生电流的偏差现象，使起动绕组内通过的电流的相位和主绕组的电流相位产生偏差，使得电动机旋转

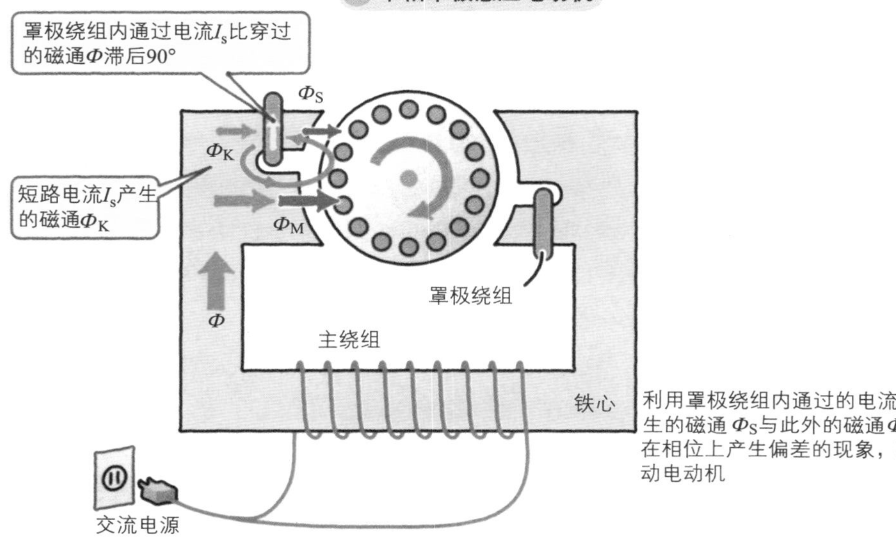

利用罩极绕组内通过的电流产生的磁通 Φ_S与此外的磁通Φ_M在相位上产生偏差的现象，转动电动机

名词解释

电抗器→有线圈内通过交流电时产生阻止电流的作用

066 用交流转动的“同步电动机”是用磁铁的吸引力转动的

用交流电转动的电动机中有“同步电动机”，使用在送风机、泵上。这种同步电动机利用三相交流电产生的旋转磁场转动，用磁铁的吸引力得到转矩。转速是由电源频率决定的同步速度，是以固定速度转动的电动机。

如图1a所示，在磁铁的左右安放磁铁，使其相互吸引，旋转外侧的磁铁的话，内侧的磁铁因为被吸引向相同方向转动。这种现象是同步电动机的基本原理。

图1b所示是用永久磁铁制作的转子的电动机外壳，这种电动机外壳贴上N、S两极的磁铁，旋转外侧贴上磁铁的外壳。与用永久磁铁产生励磁磁通的直流电动机的定子完全一样的结构。与直流电动机不同是转动的是电动机外壳。内侧的永久磁铁被贴在电动机外壳上的永久磁铁吸引，也跟着一起转动。

图1c所示是用三相交流电产生的旋转磁场代替安装在电动机外壳上的永久磁铁的同步电动机断面图。同图1b一样，50Hz三相交流电源的场合，2极的旋转磁场每秒旋转50转。与图1b用手动慢慢旋转磁铁的场合不同的是，即便突然加上50Hz的旋转磁场，内侧的磁铁的转速也不能与旋转磁场同步。图1c描述的是用每秒1周的旋转磁场来转动的同步电动机，在以同步速度转动的瞬间。这里讲述的是外侧的绕组产生的旋转磁场引起内侧的永久磁铁转动的同步电动机的原理。

要点提示

- “同步电动机”以和旋转磁场一样的速度（同步速度）转动

图1 同步电动机用磁铁的吸引来旋转

a 同步电动机的转动原理

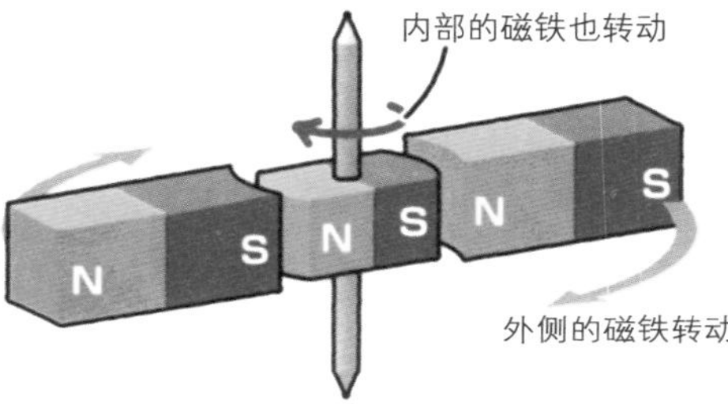
内部的磁铁也转动
N
S
N
S
N
S
外侧的磁铁转动

b 转动原理（断面图）

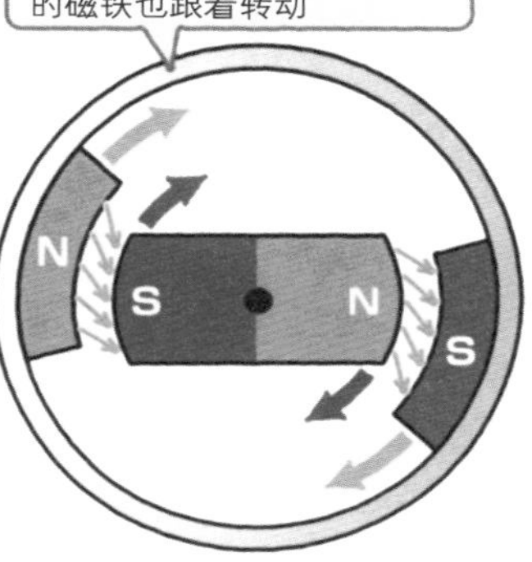
转动外侧的磁铁的话，内侧的磁铁也跟着转动
N
S
N
S

用三相交流电产生的旋转磁场代替外侧磁铁的同步电动机

c 三相同步电动机

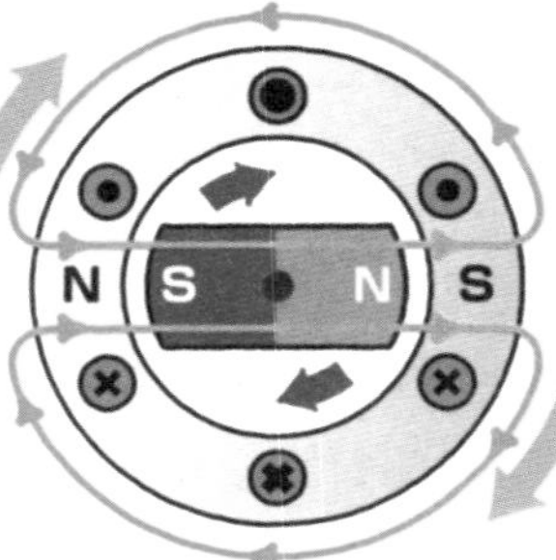
旋转磁场
N
S
N
S
旋转磁场

这里也是旋转磁场吧

N

067 同步电动机是无法通过自身产生的力来转动电动机的

如图1a所示，静止状态的同步电动机加上50Hz的三相交流电压，但是电动机并没有转动。如前面所述，因为旋转磁场的转速过快，永久磁铁因为有着惯性的存在，无法跟上转速，所受到左右两方的力相等，所以保持在静止状态。同步电动机是无法用自身产生的力来转动电动机的。如前所述，为了使同步电动机可以用自力转动，必须使转子追上旋转磁场的速度。为此，首先考虑的是，降低电源的起动频率。转动开始后，慢慢提升频率，最终达到规定的频率（例如50Hz），到达图1b所示的空载时的状态。

同步电动机的转动有必要考虑旋转磁场的同步速度n_s。图1b所示是永久磁铁做成的转子在同步速度n_s下转动时的状态，而不是静止时的状态。图1b所示是空载时的转动动作，表示的是转动中的一瞬间。旋转磁场引起的N极和S极与永久磁铁的N极和S极重叠为一条直线。这时电动机的转矩为0。

图1c所示是加载时的状态，相对旋转磁场形成的N极和S极，永久磁铁的N极和S极滞后了δ（得耳塔）角。这个δ角叫作“负载角”。三相感应电动机对于旋转磁场伴随着“转差”转动，三相同步电动机对于旋转磁场伴随着“负载角”转动。因此，三相感应电动机边“转差”边转动，比同步速度n_s慢了“转差”部分的速度。而三相同步电动机追着同步速度n_s转动，仅仅慢了“负载角”。

要点提示

●同步电动机跟着旋转磁场转动

图1 同步电动机转动时，以同步速度转动

a 起动时（没有转动）

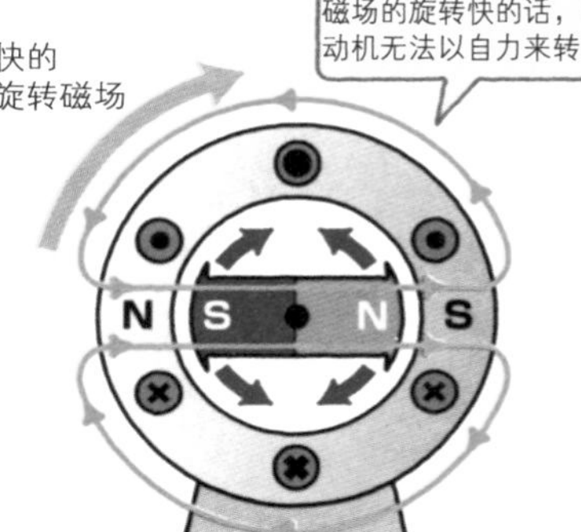

b 空载时

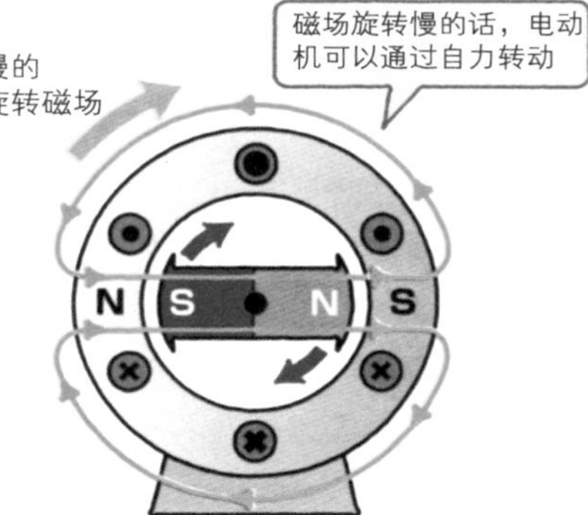

c 施加负载时

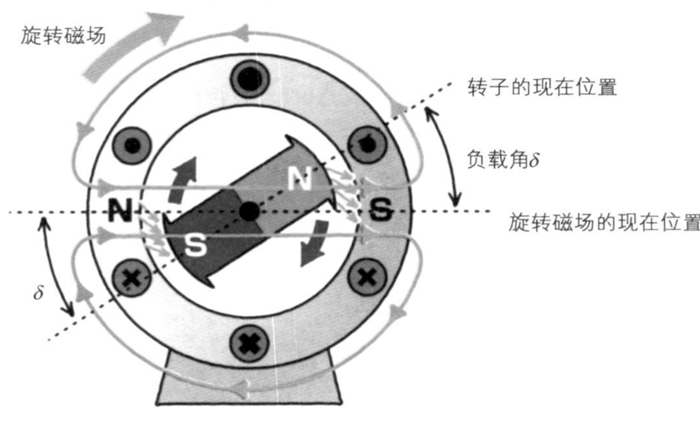

比旋转磁场仅仅慢了“负载角”，与旋转磁场一同以“相同速度”转动

名词解释

δ（得耳塔）→角度等使用的符号（希腊文字）

068 同步电动机的转动特性和结构特征是很丰富的电动机

同步电动机相对于负载的变动，有以下两个转动特性。

图1a所示是同步电机加载时负载角δ的变化。负载增加时，负载角δ变大，转矩变大，在负载角δ为$\pi/2$时，转矩最大。负载继续增加，负载角δ一旦超过$\pi/2$，转矩减小，最终电动机会停止。这种负载角δ超过$\pi/2$，电动机停止的现象叫作“失步”。负载角δ为$\pi/2$时的转矩叫作“失步转矩”。

图1b所示描述的是由负载、电源电压的突然变动引起的负载角δ突然变动的状态，负载角δ以新的负载角δ'为中心，产生周期性变动的状态。这种负载角δ不稳定振动的状态，叫作“振荡”。

因为同步电动机中使用的转子有这个特征。根据转子的材料和结构不同可以制成不同特性的电动机。例如，因为电梯需要小型的、控制性能高的电动机，使用稀土类永久磁铁的“PM同步电动机”得到了好评。这里看看具有代表性的转子。

图2a所示是用电磁铁构成磁极的转子，调整绕组里流过的电流（励磁电流）可以调整功率因数。图2b所示是使用永久磁铁的转子，因为结构简单，使用在小型电动机上。图2c所示是转子没有使用磁铁，只有铁心。图2d所示是使用了带有磁滞特性的材料的转子。

因为同步电动机无法自起动，为了起动电动机，需要对转子下工夫，于是便产生了很多复杂的结构。

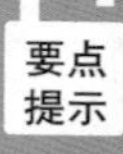

●同步电动机一旦超过使用范围，便产生“失步”和“振荡”现象

图1 同步电动机的特性

a 加载时

从这里开始无法转动的“失步”

$\delta=\frac{\pi}{2}$ 时，转矩最大

高负载时 δ

低负载时 δ

N S N S

旋转磁场

δ超过π/2时，电动机无法旋转而停止。这个叫作“失步”

b 负载急剧变化时

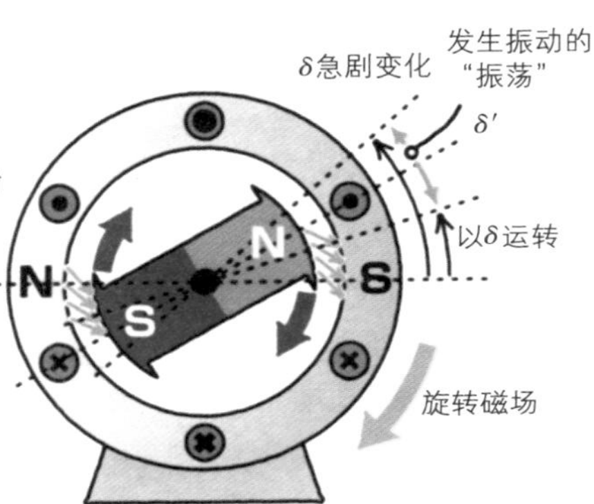

δ无法稳定，发生振动。这称为“振荡”

图2 种类丰富的转子

a 电磁铁式

有电刷和换向器

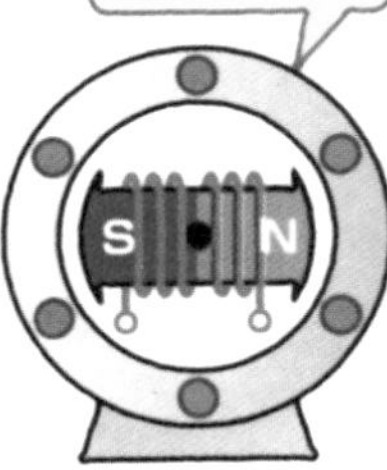

b 永久磁铁式

可以做的小型紧凑结构

c 磁阻式

只有铁心

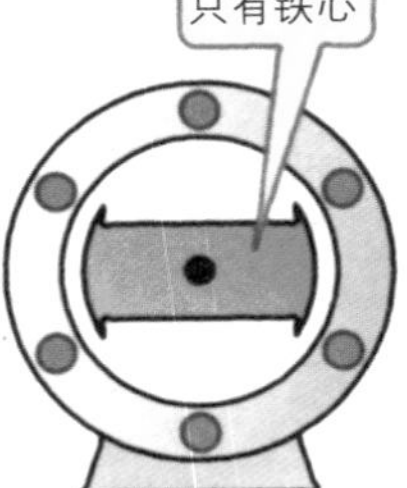

d 磁滞式

拥有磁滞特性的材料

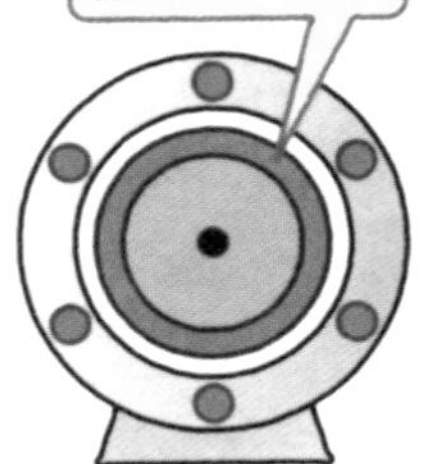

名词解释

PM同步电动机→用永久磁铁（Permanent Magnet，PM）制作的同步电动机

069 同步电动机起动时需要外部的帮助

无法自己起动的同步电动机怎样才能起动？这里将说明一下同步电动机的特殊处理方法。

将电动机提升到同步速度n_s的方法有多种多样的，在这里如图1a所示的自起动方式和如图1b所示的是借助别的电动机起动的方法。

图1a所示的是同时配置笼型转子和永磁转子，作为感应电动机来起动。笼型转子一旦起动后，起动转子变成为障碍物。如果可以的话想取出来，但是在旋转中这是不可能的。因此这种结构的同步电动机，一般在狭小空间使用的小型电动机上应用。

图1b所示的是大型的同步电动机在起动时所使用的方法。将感应电动机或直流电动机作为起动电动机。当起动电动机起动同步电动机转子达到同步速度后，闭合同步电动机的开关。然后断开轴的连接，同时关断起动电动机，使同步电动机单独运转。这种起动方式在运转中断开有障碍作用的起动用电动机后，可以高效率运转，一般应用在大型的同步电动机上。

另外，同步电动机有调整输入电流的相位的功能，利用这个相位特性，将它设置在输电线路的受电端（一次变电所），改变在输电线路中的电流的相位和大小，实现输电线路以固定电压的输电。这种同步电动机未利用电动机的机械能，而是利用了电气特性，叫作“同步调相机”。

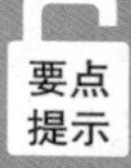

●同步电动机的起动方法有①在转子中同时设有笼型转子而进行自起动；②借助其他电动机进行起动

图1 同步电动机的起动方式

a 自起动的方法

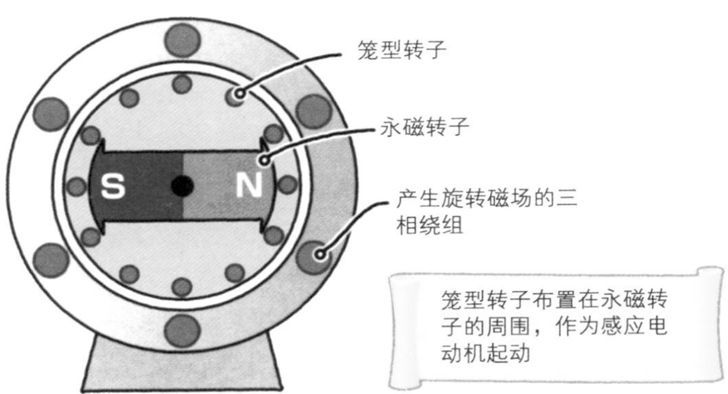

b 用起动电动机来起动

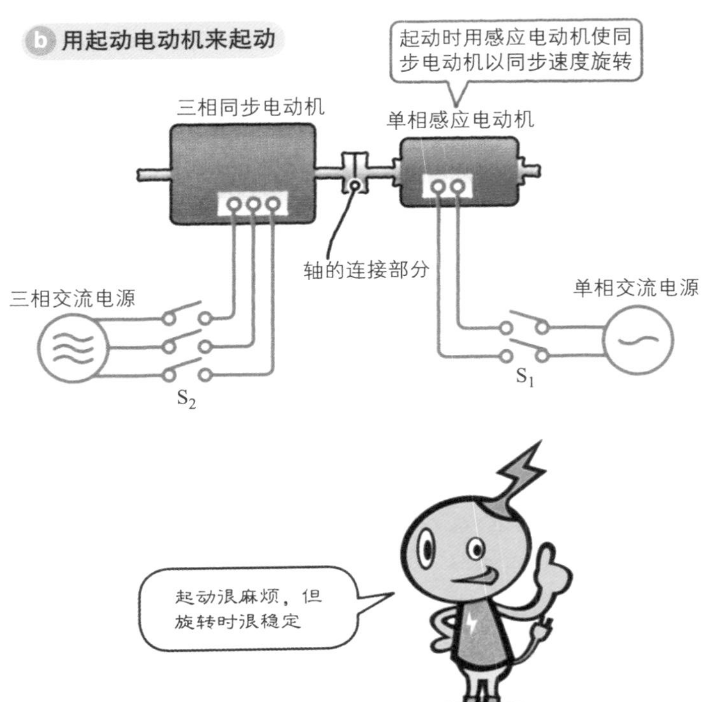

070 带有换向器的交流电动机的结构和特征

直流的“串励电动机”被当成交流电动机使用在家庭的缝纫机、电钻等中，也有在交流电气化铁道、电动百叶窗上使用的串励直流电动机。串励直流电动机所加载的直流电压的方向即便改变了，因为励磁磁通和电枢电流的方向同时改变，所以转矩和转动方向不会变化。如图1所示，施加随时间而大小和方向变化的交流电压，转动方向不发生变化，维持同一个方向转动。这就是单相的“串励换向器电动机”（交流换向器电动机），也称为“交直流两用电动机”。

图1a所示为加交流电压的正半波的场合，励磁电流和电枢电流（哪个都一样）的示意图。这时电动机的旋转方向是顺时针的，图1b所示为负半波的时候，励磁电流和电枢电流（哪个都一样）的方向都会变成反向，转动方向不会变，还是顺时针。

门的开闭器、深井泵等使用的电动机中有起动转矩大的“单相推斥电动机”。图2a所示的电动机，在定子上缠绕上加了单相交流的绕组，在转子（电枢）上缠绕上了与直流电动机一样的绕组。而且接到换向器的电刷上，使得位置可以改变，电刷端可以短路。

如图2b所示，绕组垂直配置的场合，通过绕组的磁通消失，绕组内不流过感应电流。如图2a所示，倾斜配置绕组的场合，因为磁通可以通过绕组，绕组内产生感应电流，产生如图中所示磁极。定子侧的磁极和转子产生的磁极排斥产生转矩。于是产生与电刷轴的移动反方向的转矩，电动机连续转动。

要点提示

● 单相串励换向器电动机是交直流两用电动机

图1 交流换向器电动机的转动原理

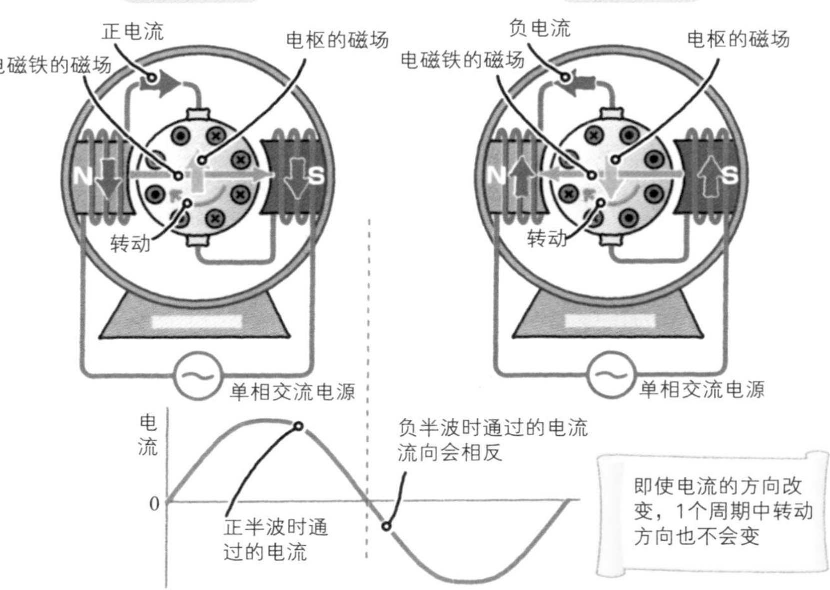

图2 单相推斥电动机的转动原理

a 转子倾斜时

中心轴

从中心轴倾斜的
话，流过感应电流

电刷轴

转动方向

推斥

N

S

推斥

单相交流电源

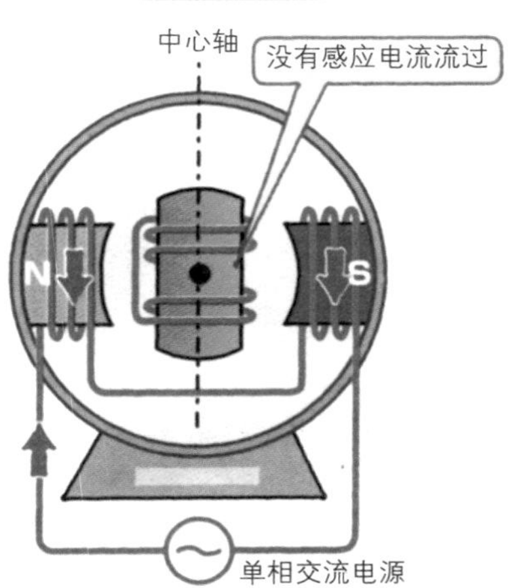

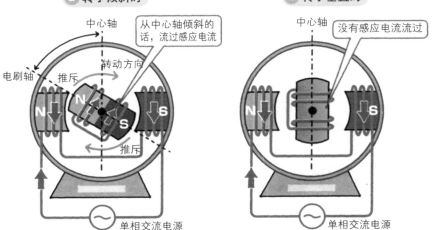

专栏

新干线进入了新时代

使用新技术，引领着时代方向的新干线，从1964年开始运行，当时0系列车辆使用了直流电动机。按当时的技术来说，直流电动机的控制性能比较优越。但是进入20世纪80年代后半期，随着半导体技术的发展，使交流电压、频率的控制（通过VVVF逆变器）更加容易，因此将直流电动机更换为交流电动机（三相感应电动机）。三相感应电动机在结构上更坚固，无需维护，如今在新干线以外的所有铁道路线也开始引入使用，并逐渐普及。另外，直流电动机需要对电刷和换向器维护，运用成本高也是新干线中不再使用直流电动机的理由之一。

从新干线引入三相感应电动机开始，已经过去长达20多年的时间。其间，计划引入具有划时代意义的PM同步电动机备受关注。日本东北新干线试运行的新型的E954型车辆配备了PM同步电动机。新干线的新时代开始了。

配备三相感应电动机的日本长野新干线（E2系列）
（2009年11月28日　摄于东京站）

特殊电动机的结构和作用

比起电能到机械能的转换效率，重视电动机的功能、特性的特殊电动机已被应用在广泛的领域中。这里说明一下特殊控制用电动机及用超声波振动来转动的电动机的结构。另外，作为特殊电动机的一种，以直线电动机为例说明一下绕组所使用的超导材料。

071 齿轮的功能与转动调整

最近自动档汽车多了起来，手动档汽车变少了。为得到想要的转矩和转速的换档器，在汽车的行驶中是不可缺少的。电动机多数不是把负载直接连接到转轴上，而是通过齿轮或传动带带动得到想要的转速或转矩。这里看看作为特殊电动机的一部分——齿轮的功能。

使用齿轮，可以降低转速，从而得到大的转矩（相反也可）。转矩与使用的齿轮的直径成正比增大，转速跟齿轮的直径反比。例如图1a所示，齿轮比是1∶4的齿轮的场合，转矩变为4倍，转速变为1/4。一般情况下，齿轮是在减少电动机的转速而想得到大的转矩时使用。

直流电动机的场合：如图1b所示，虽然电动机的转速可以通过电压的大小调整，转矩也同样变化。电压变小的话，转矩也变小，与用齿轮减速的意义不同。电压变为1/4的话，转速也变为1/4，转矩也变为1/4。这种转动调整，在低速下搬动大的物体时，是无法使用的。为了得到大的转矩，使用齿轮更为合适。

齿轮在旋转时，因为有间隙，一定会发出“咔嗒”的声音。这个发声的过程会使速度变慢，对于精密设备来说是个很大的缺点。

要点提示

- 齿轮是在使电动机的转速减慢而得到更大转矩时使用

图1 齿轮的功能

a 齿轮的功能

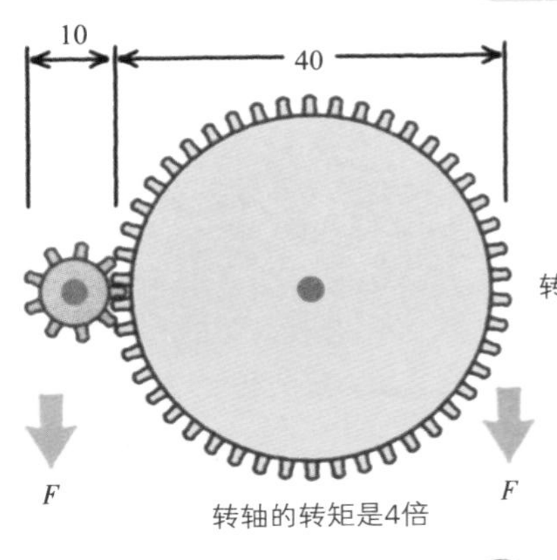

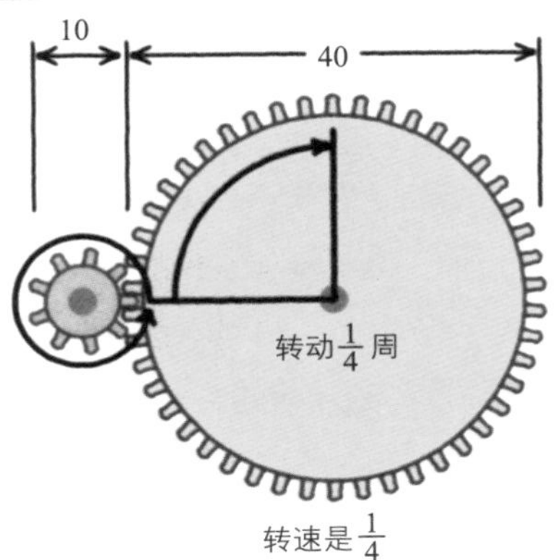

转矩T与直径成正比而变大

转速与直径成反比而变慢

b 通过电压调整来控制转速

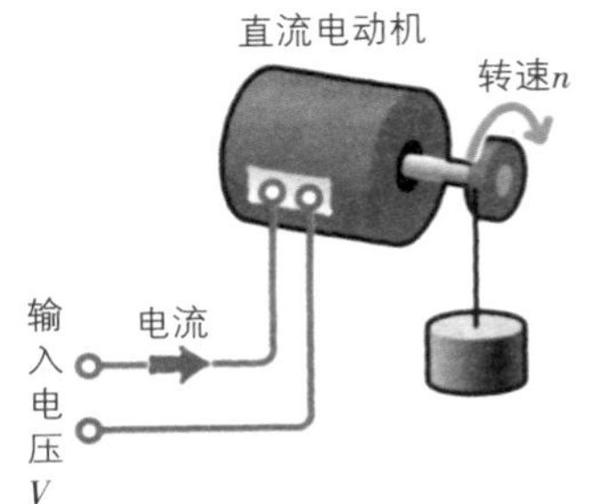

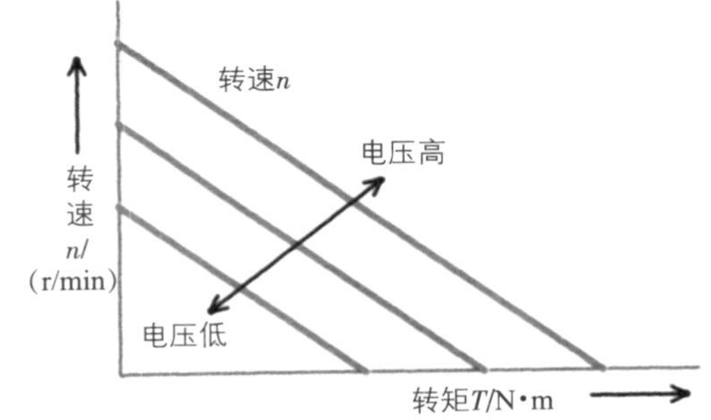

电压变化，转矩T也跟着变化

用齿轮调整转动和用电压调整转动不一样啊

072 齿轮有标准齿轮、行星齿轮等很多种类

使用齿轮是降低电动机的转速并得到大转矩的有效方法。在小型电动机中，齿轮常和电动机组成一体，构成带齿轮机构的电动机。这里将看看具有代表性的齿轮的种类。

图1a所示是“标准齿轮”，电动机的转动通过数个的直齿轮减速。通过直齿轮的组合，调整从输出轴得到的转矩和转速。直齿轮在额定载荷下高速转动时会产生齿轮声。齿轮声是在齿轮开始咬合及咬合结束脱开时的撞击声，这也是前面所说的产生“咔喀”现象的原因。这是标准齿轮无法回避的问题。为了让齿轮安静且高速的转动，一般使用的是“斜齿轮”而不是直齿轮。

图1b所示是“行星齿轮”。在齿轮的中心，电动机轴和输出轴在一直线上，数个的行星齿轮（3或4个）自转同时转动外侧的内齿轮。这种结构电动机轴的转矩通过数个的齿轮传递到输出轴上，是一种传递效率高的齿轮。

图1c所示是“蜗杆副”，由蜗杆和蜗轮构成。蜗杆转动一周，使蜗轮转动一齿，可以得到很大的减速比。另外，蜗杆副的力一般是向一个方向传递的，所以可以通过蜗杆转动蜗轮。

图1d所示是将电动机轴的转动转矩变换为直线方向的力的齿轮，称为“齿条、行星齿轮”。

要点提示

●小型电动机中，齿轮和电动机组成一体的电动机很多，称为“带齿轮机构的电动机”

图1 齿轮的种类

a 标准齿轮

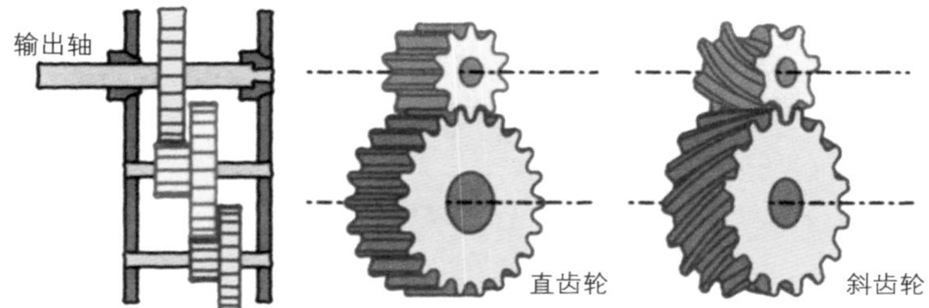

b 行星齿轮

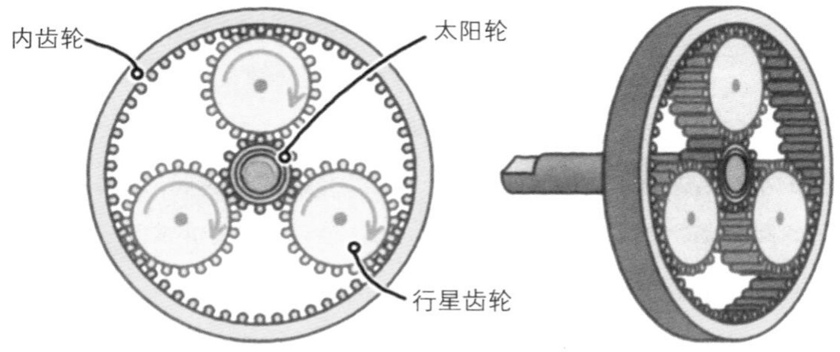

c 蜗杆副

d 齿条、行星齿轮

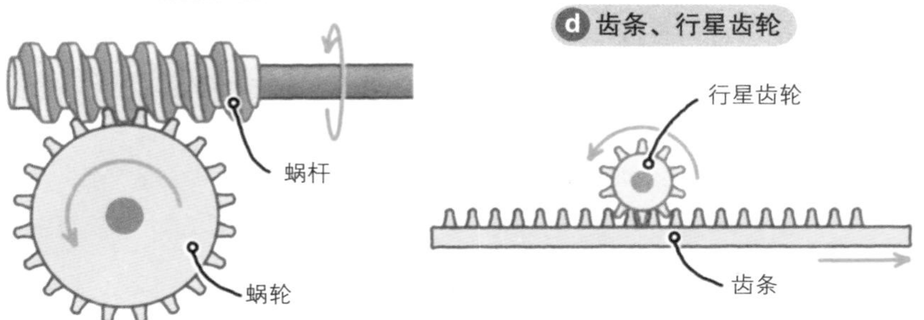

名词解释

蜗轮→相对于蜗杆，转轴斜着的方向上挖有弧线齿道的齿轮

073 旋转编码器可以检出转速及转动方向

计算机的外围设备、工业机器人等，为了得到高的机械能使用精心设计的电动机。有种叫作“旋转编码器”的设备用来测定电动机的转动方向和速度。这是一种将旋转编码（编码化）作为数值处理的装置。旋转编码器有增量式和绝对式，也有光学式和磁式。

“光耦合器”是光学式的编码器上使用的传感器，由红外线发光二极管和光敏晶体管组成，有反射型和透过型两种（见图1）。反射型光耦合器是红外线发光二极管发射的红外线的反射光在光敏晶体管接收的模拟电路。透过型光耦合器是红外线发光二极管发射的红外线由光敏晶体管直接接收的开关电路（数字电路）。

增量式编码器是轴每转动一定量所产生的脉冲。通过计量这个脉冲数，知道轴的角位移和转数。单纯通过一相的脉冲，无法得到转动方向的信息，但是通过两相的脉冲也可以知道转动方向。例如图2所示，顺时针转动时，先输出A相脉冲，接着输出B相脉冲。逆时针转动时，先输出B脉冲，接着输出A相脉冲。这样通过确认先输出哪个脉冲，知道转动方向。

绝对式编码器是可以检出转轴的绝对位置的装置，一般的绝对式编码器上带有电位计。光学式编码器可以输出转轴现在位置的相关信息，并用数字来表示。

要点提示

●旋转编码器通过两相的脉冲可以得到转动的方向的信息

图1 光耦合器的结构

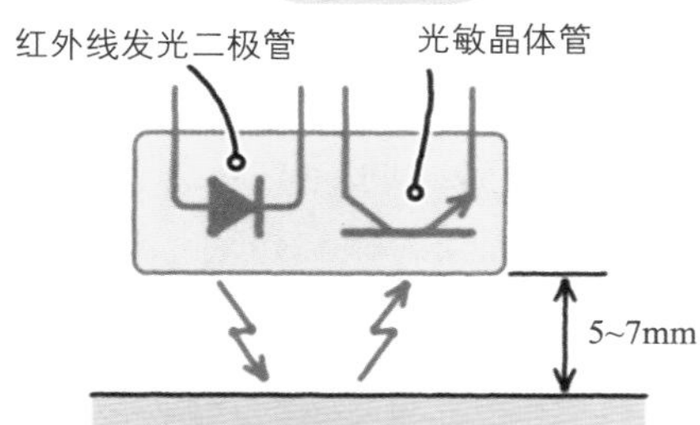

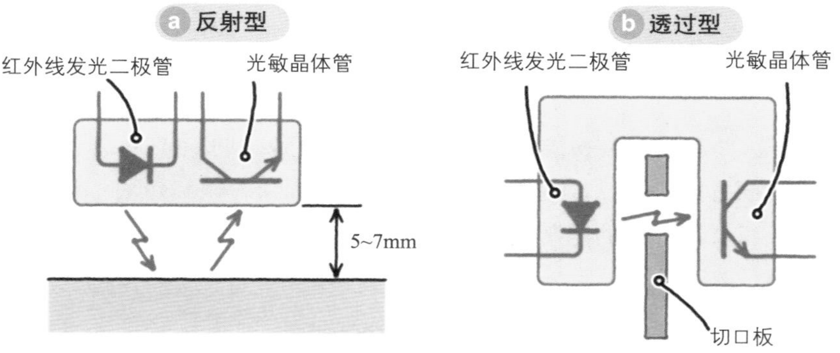

图2 光耦合器的输出波形

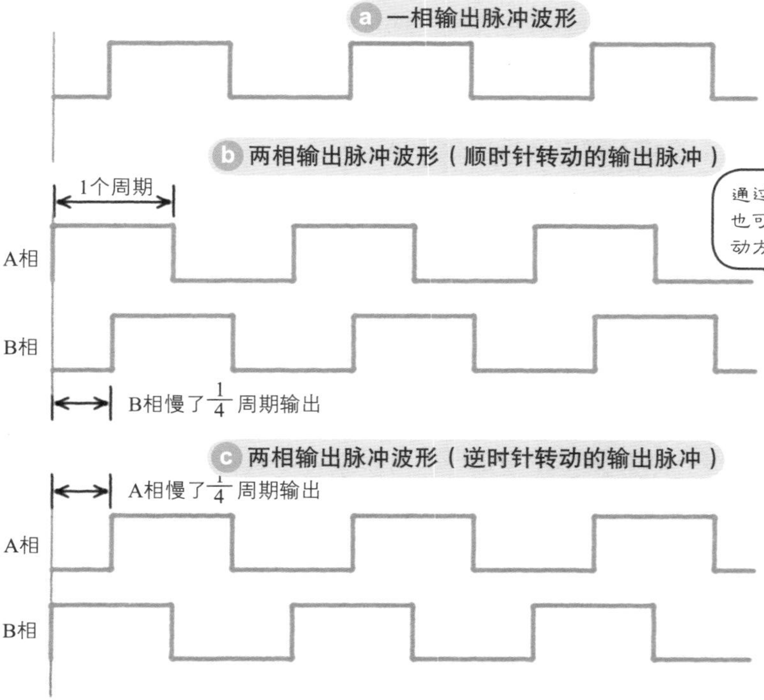

名词解释

脉冲波形→短时间内急剧变化的信号。这里表示的是两个电平间规则地、瞬间地变化的波形（矩形波）

074 高性能的电动机

机器人等各种控制机器、汽车的电器件、办公机械上广泛利用的电动机有“无槽电动机”。这种电动机，在抑制脉动转矩和转动不稳下了很多工夫，展现出众的控制性能。一般电动机的转子都有槽，可以嵌入线圈。但是这个槽会扰乱磁通的分布，对旋转动作有影响。

因为受磁路的影响，槽少的电动机通过加工斜槽等处理，抑制转动不稳。为了使这些影响减少，将铁心做成圆柱形，直接缠绕线圈，消除由铁心引起的磁通的扰乱，避免转动不稳的产生。此外，为了多缠线圈，电枢绕组的磁场方向和励磁磁通（磁铁的磁场）的方向常成直角。产生的转矩大致是一定的，脉动也就消失了。

无槽电动机的转子使用的是圆柱形的铁心。有种叫作“无铁心电动机”的电动机，是将无槽电动机的转子中去掉铁心。

如果有铁心，通过绕组的磁密度高，可以制作高转矩的电动机。但是惯性矩大，加减速性能和跟踪性能低下，不适合在控制领域中应用。因此去除转子的铁心（无铁心），绕组用环氧树脂制作为杯子状，固定在转轴上的是无铁心电动机。无铁心电动机有将永久磁铁放在绕组内侧的内部磁铁型（见图1b），将永久磁铁放在绕组外侧的外部磁铁型（见图1c）两种。图1b的内部磁铁型有制作小型化的优点，而图1c所示的外部磁铁型可以使用大的磁铁，增强磁力，可以制作适应性好的电动机。

要点提示

●无槽电动机、无铁心电动机的控制性好，使用在机器人和控制机器上

图1 无槽电动机

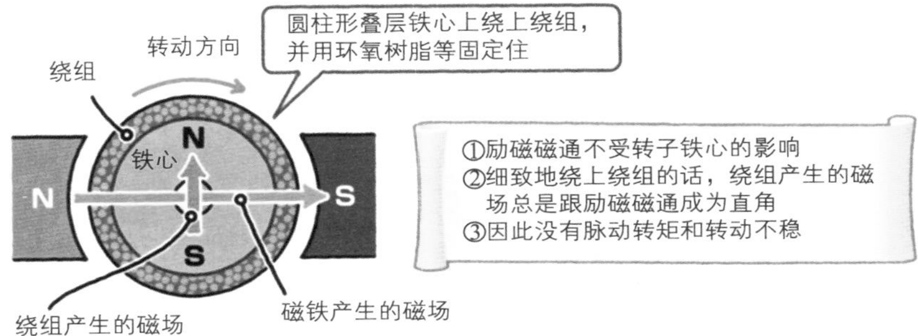
a 无槽电动机
转动方向
绕组
圆柱形叠层铁心上绕上绕组，
并用环氧树脂等固定住
N
铁心
N
S
S
绕组产生的磁场
磁铁产生的磁场
①励磁磁通不受转子铁心的影响
②细致地绕上绕组的话，绕组产生的磁场总是跟励磁磁通成为直角
③因此没有脉动转矩和转动不稳

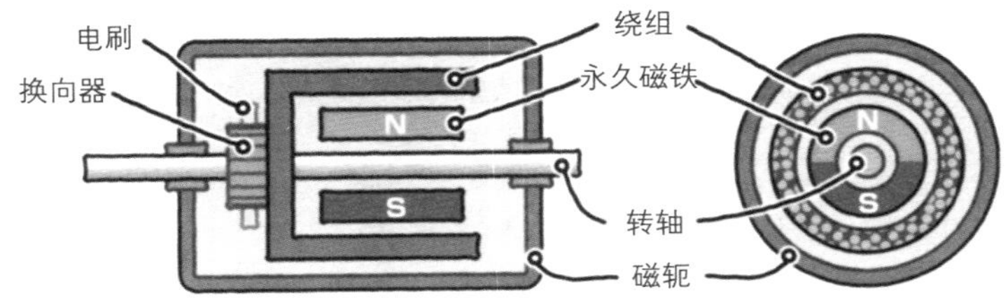
b 内部磁铁型无铁心电动机
电刷
换向器
绕组
永久磁铁
N
S
转轴
磁轭

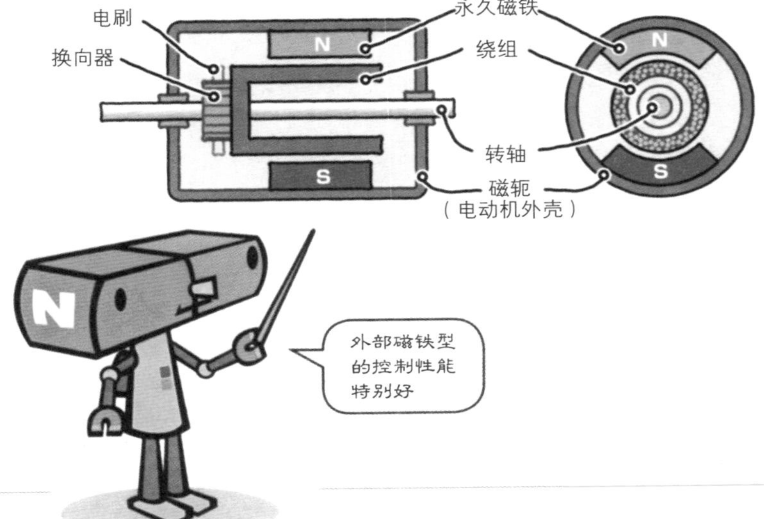
c 外部磁铁型无铁心电动机
电刷
换向器
永久磁铁
绕组
N
S
转轴
磁轭
（电动机外壳）
外部磁铁型的控制性能特别好

075 不使用磁场的“超声波电动机”的转动原理和特征

“超声波电动机”是无声低速高转矩的电动机。使用在照相机的自动对焦、机器人等方面。因为是不使用磁场的电动机，所以很受欢迎。

以前的磁场式电动机是从电能→磁能→机械能，但是超声波电动机是从电能→振动能→机械能。一般的人能听到20Hz~20kHz范围的声音，此范围以外的声音是无法听到的。20kHz以上的声音叫作“超声波”，使用在人能听到声音以外的声波。

例如，医疗领域可以进行超声波诊断。利用超声波转动电动机的叫作“超声波电动机”。使用的是人无法听到的声音，所以旋转中没有声音。超声波电动机在产生超声波振动的压电元件上放置振动体，其上施加适度的压力接触动体。这样弹性振动传递到动体上，成为直线方向上的力，推动动体。

图1b所示的是超声波电动机的原理。弹性振动以波的形式向右移动，在波与动体的接触点（A和A′）上，纵波w和横波u逆时针方向上做旋转运动，接触点受到左方向的推力，动体向左移动。

超声波电动机与磁场式电动机相比，体积小、重量轻、低速高转矩，而且停止中保持转矩。另外有不产生磁场的特点。这些特性被利用在照相机的自动对焦等上。

图1c所示是中空结构环形的转子和定子（弹性振动体，压电陶瓷）。转子可以使用如铝等非磁性体，定子的弹性振动体上也可以使用非磁性体的磷青铜。构成电动机的壳体、轴、轴承等也可使用陶瓷、铝。完全使用非磁性材料制作。

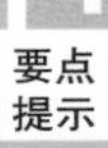

●超声波电动机可以使用非磁性的材料制作，有在低速下得到高转矩的特性

图1 超声波电动机的工作原理

a 关于超声波

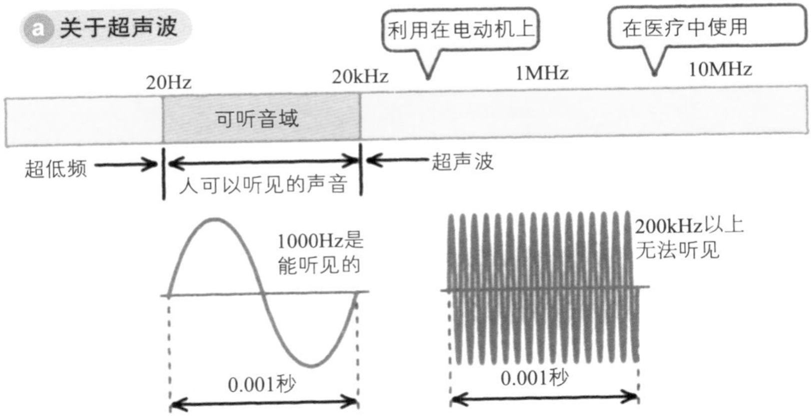

b 表面波型超声波电动机的原理

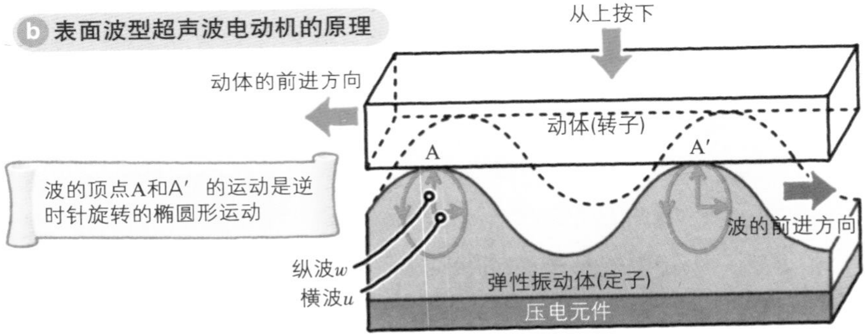

c 中空结构环形超声波电动机

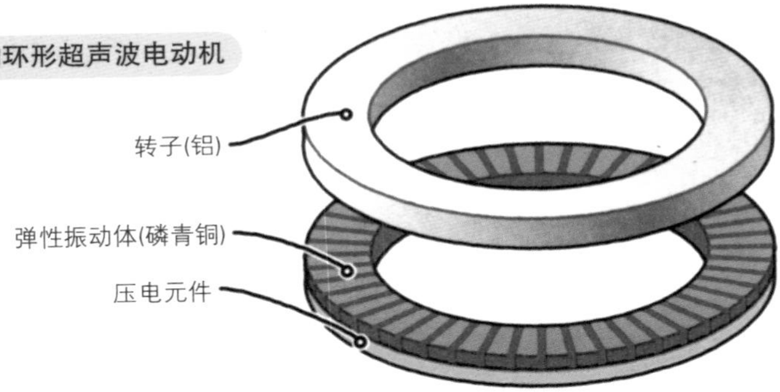

名词解释

压电元件→压电陶瓷等加电压振动的元件

Hz→赫兹，频率的单位

076 将旋转磁场变为移动磁场的"直线电动机"的诞生

地铁、新交通系统采用直线电动机的车辆在逐渐增加。直线电动机是将旋转的电动机直线展开的。使用交流电的直线电动机利用旋转磁场（移动磁场）的原理转动。

图1所示的是将旋转磁场产生的两极三相定子绕组展开成直线。假设将绕组从a终端和b′终端的中间切开并展开，从绕组左侧b′–c–a′–b–c′–a的顺序直线排列。图1b和c所示的是三相交流电流，在瞬间①和瞬间②、电流和磁场的样子。瞬间①，b′和c之间产生S极，b和c′之间产生N极，但是瞬间②，b′的左方产生S极，a′和b之间产生N极。从这里可以看出，由于三相交流电随着时间推移，磁场向左方向移动。这就是"移动磁场"。旋转电动机在三相定子绕组通过三相交流电时会产生"旋转磁场"，而直线电动机产生移动磁场，利用这种移动磁场应用在电动机的直线驱动上。

用交流电运转的直线电动机结构简单、维护容易，所以可靠性高、噪声和振动也小。因为直线运动的推力可以直接得到，不需要连接器、齿轮等机械传动装置。

一般来说，直线电动机的特点有：①没有因离心力而引起的加速限制；②可以高速运动（旋转电动机的场合，因为离心力，有分解的风险）。因为这些优点，直线电动机被应用在高速运转的交通机车、工厂内的自动化系统等上。也会应用在搬送用机器人、涂装机器人等上。

要点提示

●直线电动机是将旋转电动机按直线状展开的，没有离心力引起的加速限制，可以高速运转

图1 将旋转磁场变为移动磁场

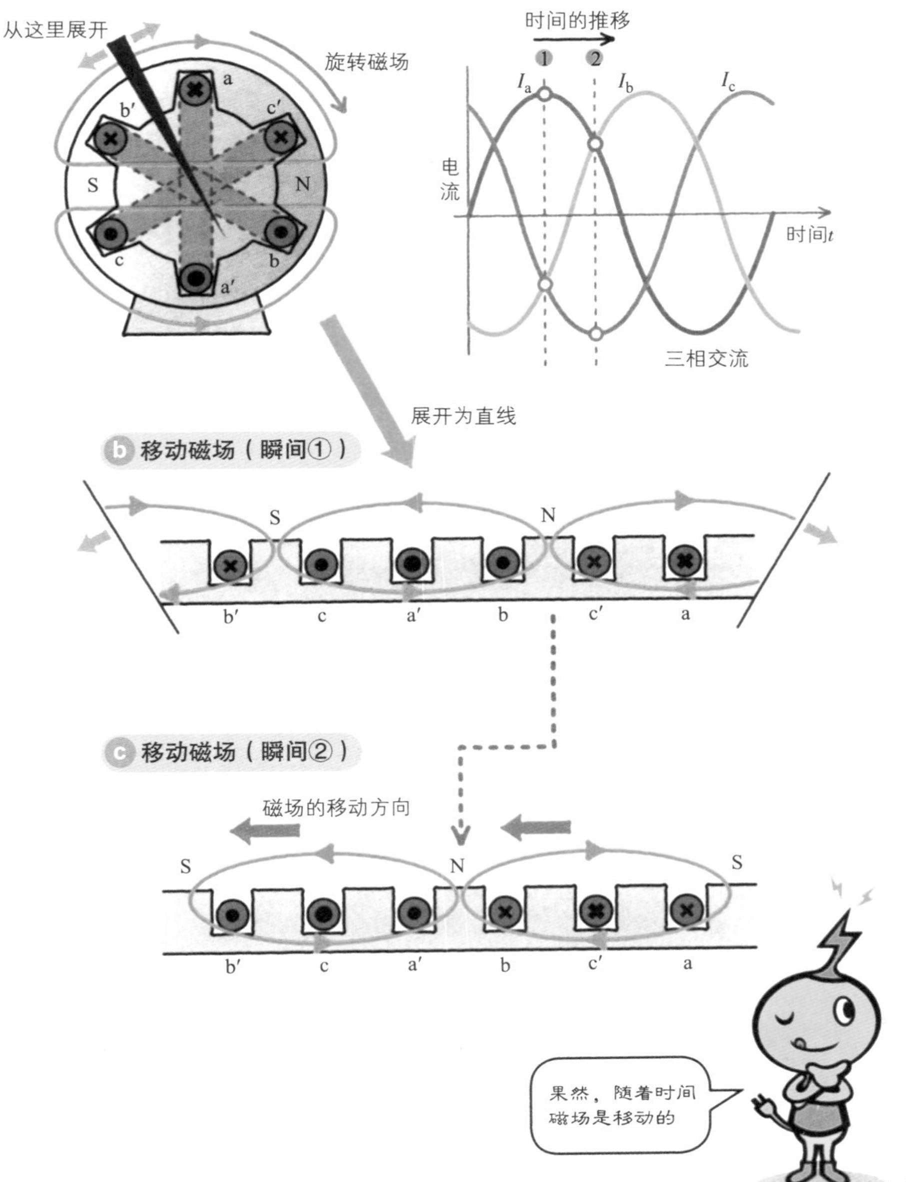

077 利用移动磁场的交流驱动的直线电动机

地铁、新交通系统使用的直线电动机中有种被称作“直线感应电动机”的。如图1a所示，这种电动机缠绕在定子上的三相绕组产生移动磁场，在其上放置铝或铜等导体板，导体板内流过感应电流（涡流），根据弗莱明左手定则，导体板受到与移动磁场同方向上的推力。这就是“直线感应电动机”的原理。

直线感应电动机中利用如铝或铜不磁化的导体（非磁性的导体）作为动子。因为定子和动子之间没有电磁的吸引力作用，可以做成结构简单、造价低廉的机构装置。另外也有定子安装在动子的两侧，加大推力的电动机，或将线圈绕成圆筒状，在筒内移动动子的电动机（圆筒形电动机）。

超高速的磁悬浮铁道系统采用“直线同步电动机”。这种电动机如图1b所示，由三相绕组产生移动磁场，如果在上面放置磁铁，磁铁的S极被移动磁场的N极吸引，磁铁的N极被移动磁场的S极吸引向左移动。这个就是“直线同步电动机”。

磁铁比移动磁场的移动稍微有些滞后，以移动磁场同样的速度（同步速度）移动。这种情况跟旋转同步电动机一样。图中移动磁场的磁极用波来表示。移动的磁极像波一样向左移动，磁铁像被波运动一样跟着一起向左移动。直线同步电动机与直线感应电动机相比：功率因数、效率高，动子也可以低速行驶。此外还有很多优点，如使用变频电源，可以改变速度，得到很大的推力等。

要点提示

- 直线感应电动机在动子上可以使用非磁性的导体（铝、铜）
- 直线同步电动机是功率因数、效率高，推力大的电动机

图1 使用交流的直线电动机

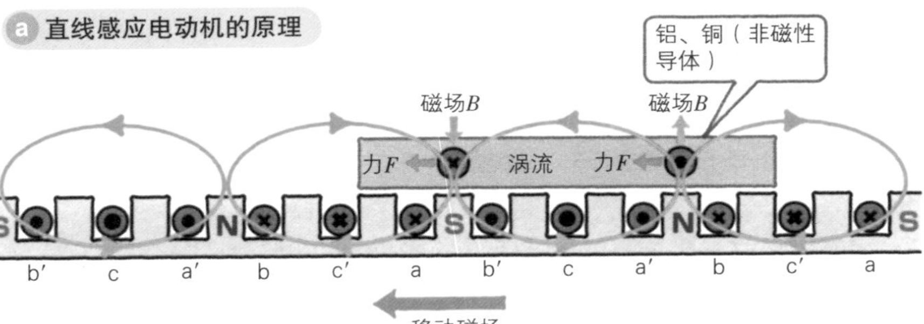

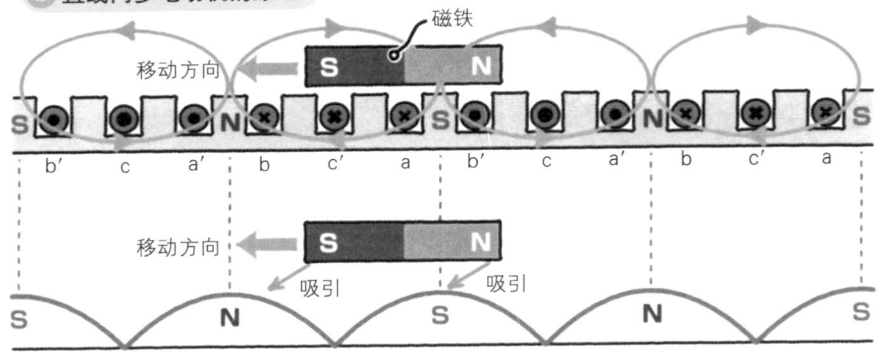

名词解释

动子→相当于旋转电动机的转子，直线移动的部分

078 根据运动部分不同，直线直流电动机有很多种类

应用在磁头的位置定位、窗帘的关闭等，可以在高速下往复运动的有种被称作“绕组可动型直线直流电动机”的电动机。

图1a描述的是绕组可动型直线直流电动机的原理。对直流电动机转子上的绕组的作用力跟励磁磁铁的N极和S极相反，所以产生转矩。这里只观察转子的上半部分，绕组受到向左方向的力F。应用这个原理制作的是绕组可动型直线直流电动机。

利用绕组可动型电动机，可以实现如图1a右侧所示的直线电位器。将安装在轴上的可动绕组作为直线电动机进行驱动，可动绕组上安装的触点在电位器上滑动。绕组可动型直线直流电动机的动子可以做细微的动作，能够高速往复运动。

另外，试运行的直线电动机机车中有一种电动机叫作“电枢可动型直线直流电动机”。该电动机如图1b所示，将双凹槽直流电动机直线化，励磁磁铁作为定子安装在下面，强行把电枢折弯，换向器和电刷安装在上面。以一定距离相互交替地安装磁铁的N极/S极。在电枢上安装换向器，然后再安装必要数量的电刷。这样用换向器和电刷切换极性，电枢向右移动。

要点提示

●绕组可动型直线直流电动机的动子可以做细微的动作，能够作高速往复运动

图1 使用直流的直线电动机

a 绕组可动型直线直流电动机的原理

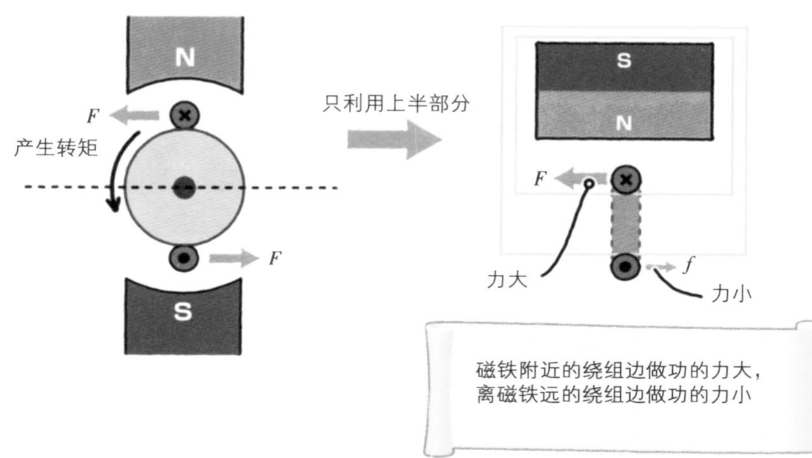

b 电枢可动型直线电动机的原理

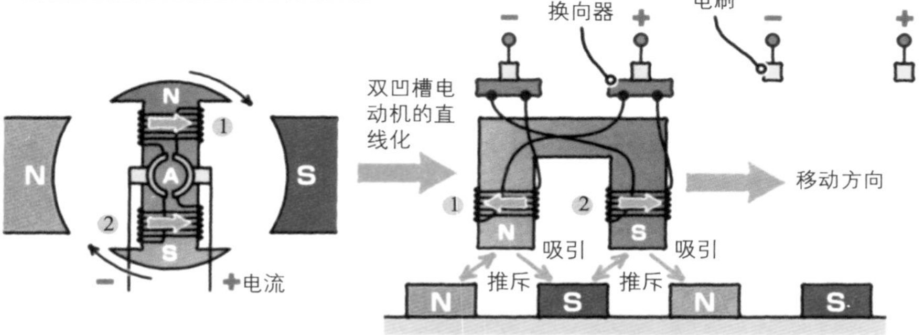

079 用开关改变电流方向来移动的直线直流电动机

*X-Y*绘图仪、自动制图机使用的直线电动机中，有种叫作“磁铁可动型直线直流电动机”和“直线步进电动机”的。

三相绕组通过直流电流，用开关改变电流方向的话，可以产生与施加三相交流电类似的移动磁场。用移动磁场来移动动子的电动机是磁铁可动型直线直流电动机。

图1a所示是用开关改变电流方向的三相绕组。在左图，闭合开关S_2和S_3，I_a和I_b按箭头的方向流过。然后如右图：断开开关S_3，闭合开关S_5的话（电路中为S_2和S_5闭合），I_b和I_c按箭头方向流过，磁场就向右移动1个槽。如上，在通过切换开关产生的移动磁场上，放置动子的磁铁。动子的磁铁被移动磁场的波吸引向右移动。这跟直线同步电动机的移动情况很相似。

直线步进电动机是旋转型步进电动机展开为直线的电动机。图1b所示是利用动子上铁心的磁阻式直线步进电动机的原理图。从左S_1，S_2，S_3的顺序打开开关，通过电磁铁的绕组依次励磁，吸引动子，向右一齿距一齿距移动。

图1c所示也是动子上使用铁心的磁阻式直线步进电动机的原理图，但是这次按S_1，S_3，S_2，S_4的顺序闭合开关，先越过一齿距励磁，再返回一齿距励磁的方式。可以制作以1/2齿距向右移动的直线步进电动机。

要点提示

●直线直流电动机通过开关的切换产生移动磁场

图1 切换开关来运转的直线直流电动机

a 移动磁场的开关切换

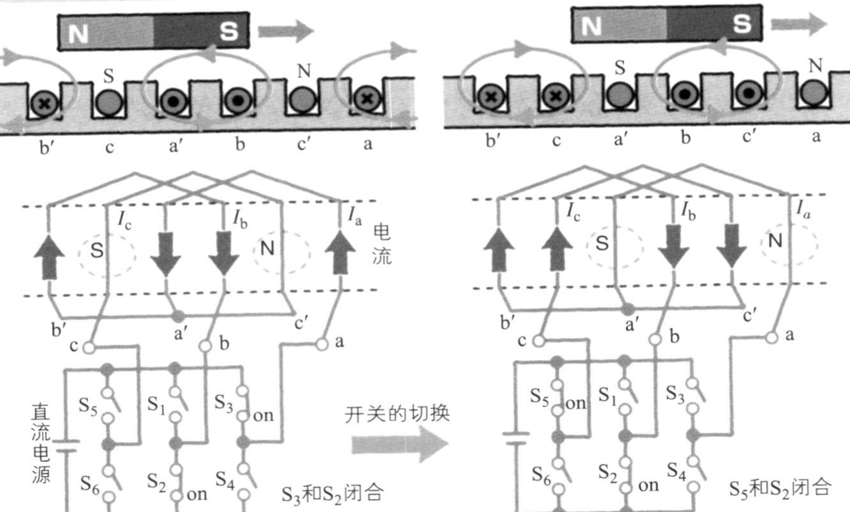

b 一步一齿距移动的原理

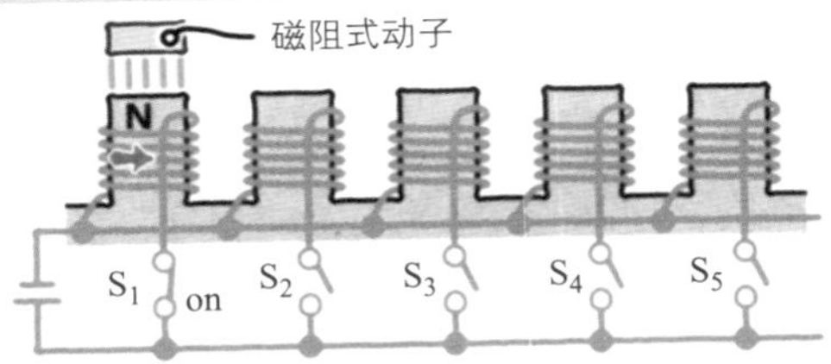

c 一步1/2齿距移动的原理

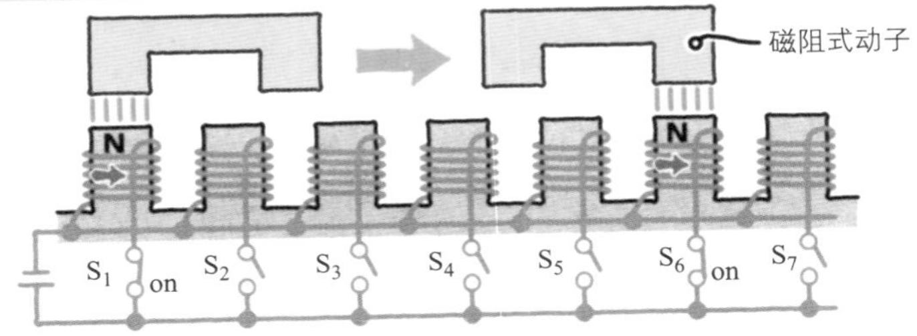

名词解释

磁阻式动子→磁阻（Reluctance）是对磁通的阻碍作用。该动子是使用了强磁性体铁心制作的动子

080 电阻为零的神奇的“超导材料”

磁悬浮式超高速列车使用的超导材料：是一种电阻为零的神奇材料。一般的导电材料，温度对电阻变化的影响很小。但是像液体氦等物质，在温度下降一旦达到某个温度时、电阻会突然变为零。产生像这样的“超导现象”的材料称作“超导材料”，这时的温度叫作“临界温度”。

最初发现的超导材料是汞。之后发现了铌（Nb）、锗（Ge）等很多超导材料。电阻变为零的话，电线发热现象会消失，电流通过也不会消耗功率。因此可以通过很大的电流，可制作强电磁铁。此外，即使断开电源，超导材料也永久地持续流过电流，可以保存电力，在储能上也很有用。

超导材料除了电阻能变为零的性质以外，还有：①迈斯纳效应；②约瑟夫逊效应；③磁通量子化。迈斯纳效应是1933年迈斯纳（Fritz Walther MeiBner，1882—1974）发现的。如图1a所示，将超导材料放入磁场内的话，可以观察到磁力线无法侵入。这是因为超导材料的表面流过可以排除磁通的永久电流。因为这种排除磁力线的现象，也叫作“磁阻效应”。在磁铁上放置超导材料可以悬浮是确认迈斯纳效应的实验。

约瑟夫逊效应是图1b所示的两个超导材料间夹入绝缘体结合后，即使电压为零，电流也仍然能流通。这个现象叫作“直流约瑟夫逊效应”。另外，如果施加电压，会流过跟电压成正比的交流电流，这个叫作“交流约瑟夫逊效应”。

要点提示

●使用液体氦的话，可以把温度下降到−270℃左右

图1 超导材料的性质

a 迈斯纳效应

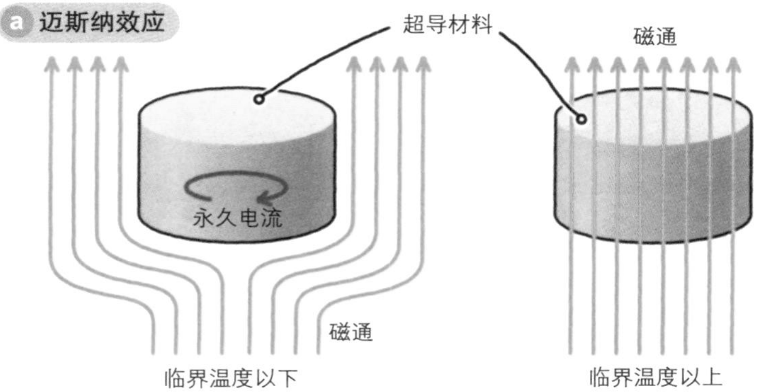

b 约瑟夫逊效应

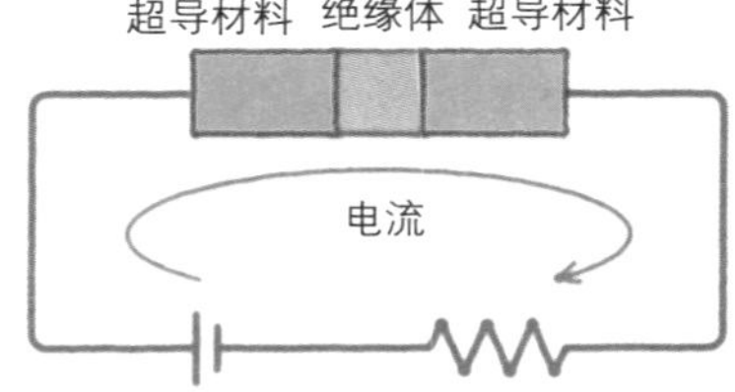

c 超导材料的电阻–温度特性

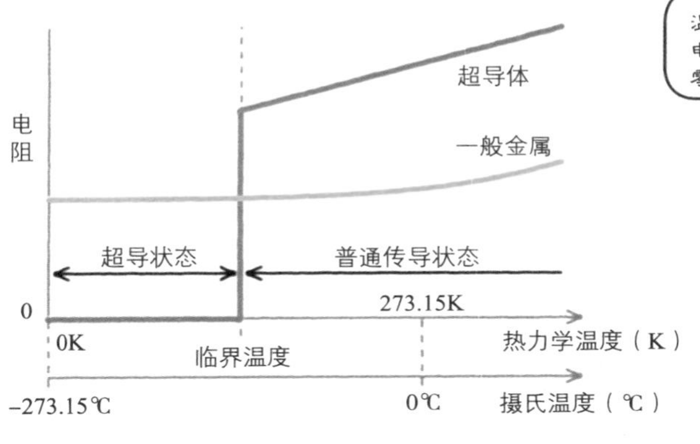

081 超导磁悬浮式列车用两种绕组行驶

500km/h以上的超高速行驶的磁悬浮式列车，距实用化还有一步之遥。对于这个超高速磁悬浮式列车的实现，超导材料也做出了贡献。

在磁悬浮铁路上，应用了超导电磁铁的直线同步电动机。直线同步电动机在移动磁场内放入磁铁，磁铁受到推力可以同步速度行驶。采用了超导电磁铁来代替这个磁铁就可制成“超导磁悬浮式列车”。超导磁悬浮式列车采用了在车辆上搭载的超导绕组制作的电磁铁，利用地上的推进绕组和悬浮引导绕组进行悬浮高速行驶。

图1所示的是导轨两侧设置的悬浮引导绕组的作用。车辆内的超导电磁铁高速通过的话，侧壁上安装的悬浮引导绕组内产生电流，产生的磁极对车辆有向上的作用力，使车辆悬浮。悬浮引导绕组有使车辆悬浮和居中的两种作用。

图2所示的是推进的原理。推进用绕组上加三相交流，产生移动磁场。这个移动磁场和超导电磁铁间产生吸引力和排斥力，推动搭载超导电磁铁的车辆。这样车辆会以同步速度行驶。

一般的铁路，通过铁轨和车辆的接触对车辆产生向轨道内的力。磁悬浮铁路需要非接触的向轨道内的力。磁悬浮上使用的系统在车辆偏离中心位置时，车辆的远离的一侧会受到吸引力，接近的侧受到排斥力，车辆始终会返回中心位置。图3所示的是接近右侧的侧壁时候的状态。

要点提示

●超导磁悬浮式列车有悬浮引导绕组和推进绕组

图1 超导磁悬浮式列车的悬浮原理

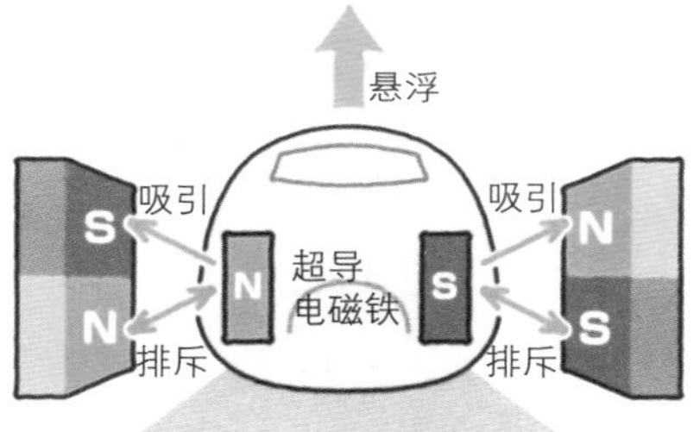

超导电磁铁

图2 超导磁悬浮式列车的推进原理

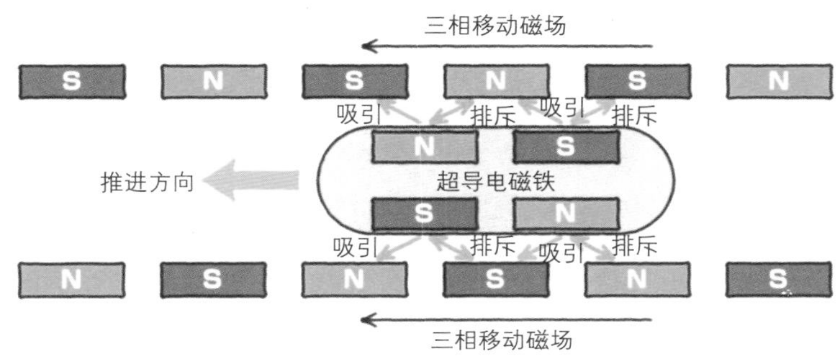

图3 超导磁悬浮式列车的牵引原理

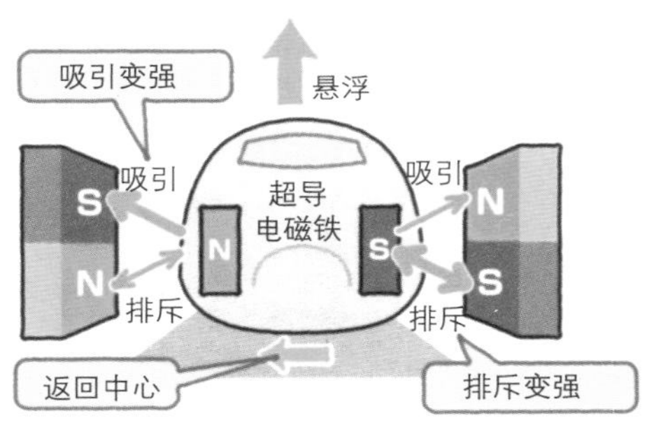

日本山梨直线实验用车辆(MLX01)

082 用半导体替换换向器和电刷的“无刷电动机”的诞生

无刷电动机不仅仅用半导体替换换向器和电刷。根据机器要求的特性和形状，开发指定用途的专用电动机的场合也多了起来。

无刷电动机基本都是三个凹槽直流电动机。外侧的磁铁和磁轭（机壳）旋转的结构称为“外转子（outer roter）”。转子上使用永久磁铁的叫作“内转子（inner roter）”。虽然有外转和内转的差异，但是转动原理都是一样的。

电动机在各绕组旋转60°的位置上，安装霍尔元件（H_1、H_2、H_3），用丫联结方式连接三相绕组。外转子的场合，如图1a所示，通过电流，使绕组①的磁极成为S极、绕组③的磁极成为N极的话，转子受到逆时针方向的转矩转动。转动60°后因为H_3感知S极，控制电流使绕组②成为S极，绕组③成为S极。这样每60°切换一次电流，转动一次。

绕组的驱动方式有，“单极性（单方向）驱动”和“双极性（双方向）驱动”两种。图2a所示是单相单极性驱动，一个铁心上缠有两个方向相反的绕组，可以独立地通过晶体管进行通断。现在，Tr_1导通，绕组①流过电流，产生向下的磁通Φ。Tr_2导通，绕组②流过电流，磁通Φ变为向上。

图2b所示是单相双极性驱动，是用四个晶体管连接成桥的驱动电路，流过绕组的电流方向可以切换。将Tr_2和Tr_3同时导通的话，产生向上的磁通Φ，如Tr_1和Tr_4同时导通的话，会产生向下的磁通Φ。

要点提示

●根据机器要求的特性和形状，无刷电动机被开发为指定用途的专用电动机的场合多了起来

图1 无刷电动机的结构

a 外转子（outer roter）

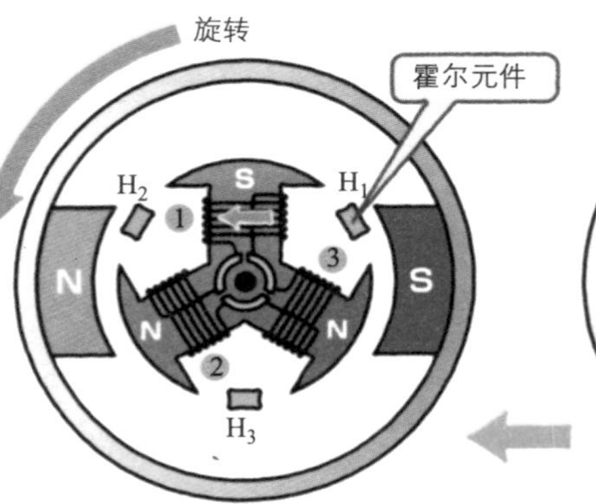

外侧的机壳转动

b 内转子（inner roter）

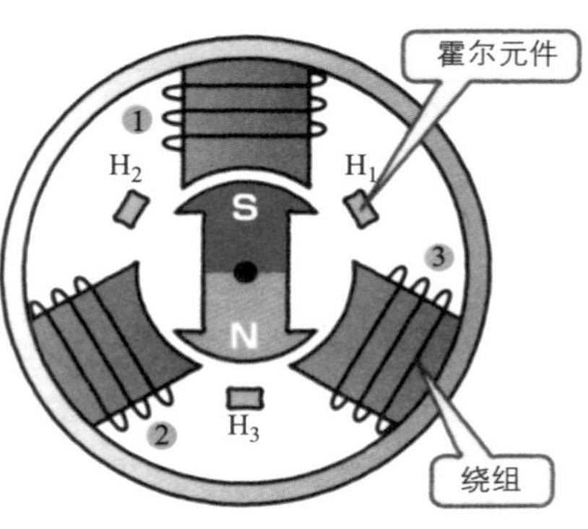

内侧的永久磁铁转动

图2 绕组的驱动方法

a 单极性驱动

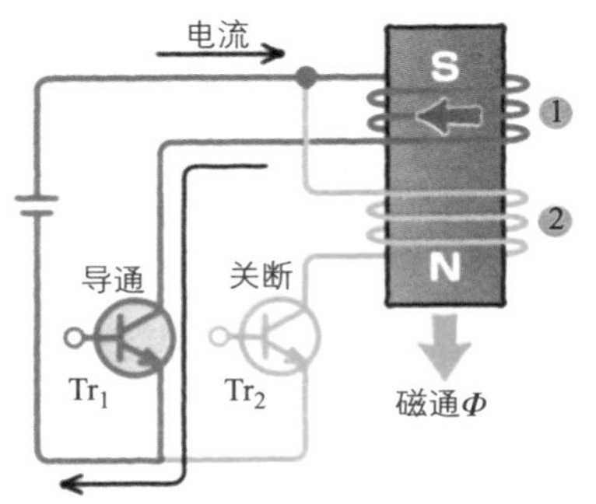

单极性驱动需要两个绕组

b 双极性驱动

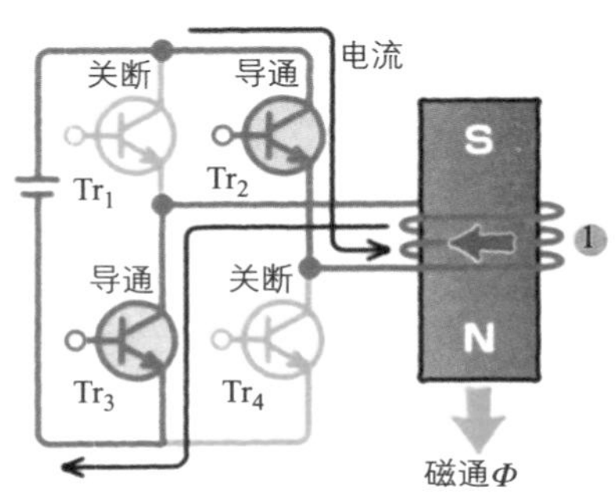

双极性驱动需要四个晶体管

083 用半导体切换磁极的吸引的“步进电动机”诞生

“步进电动机”是被应用在打印机等上的电动机。这种电动机是用半导体切换磁极的吸引，根据输入脉冲信号数转动，所以也称为“脉冲电动机”。

有在转子上使用硅钢片等强磁性体的被称为“磁阻式（VR）（也称反应式）步进电动机”。这种电动机的绕组上产生的磁通将转子的齿作为通道。为了使磁通路径距离最短，穿过转子的齿来缩短磁通路径，在转子上产生转矩。磁通在磁阻最小的路径上稳定下来。

图1a所示三相绕组旋转的示意图，按A相→B相→C相依次切换通电流的绕组。首先，A相绕组通过电流，转子在标记黑点●的齿正上方静止。然后B相通过电流，转子转动15°，C相通过电流，再转动15°。这样，按A相→B相→C相→A相……的顺序励磁绕组的话，转子每步转动15°转动一周。

图1b所示是定子上有四个独立绕组的四相步进电动机，称为“永磁式（PM式）步进电动机”。这种电动机的转子是永久磁铁。四个绕组依次励磁，永久磁铁受到励磁绕组方向的转矩转动。A相绕组通过电流，使定子侧变为N极，永久磁铁的S极会转动到正上方后静止。然后，B相绕组通过电流，使定子侧变为N极，永久磁铁的S极会转动90°，被B相绕组吸引的状态下静止。同样，C相、D相依次励磁的话，继续一步转动90°后静止的动作转动一周。

要点提示

●步进电动机是用半导体切换磁极的吸引，根据输入脉冲信号数转动

图1 步进电动机的转动原理

a 磁阻式步进电动机的工作原理

A相励磁

铁心

15°

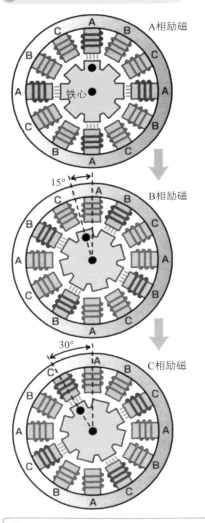

B相励磁

30°

C相励磁

对应12槽定子，有8个齿的转子

b 永磁式步进电动机的工作原理

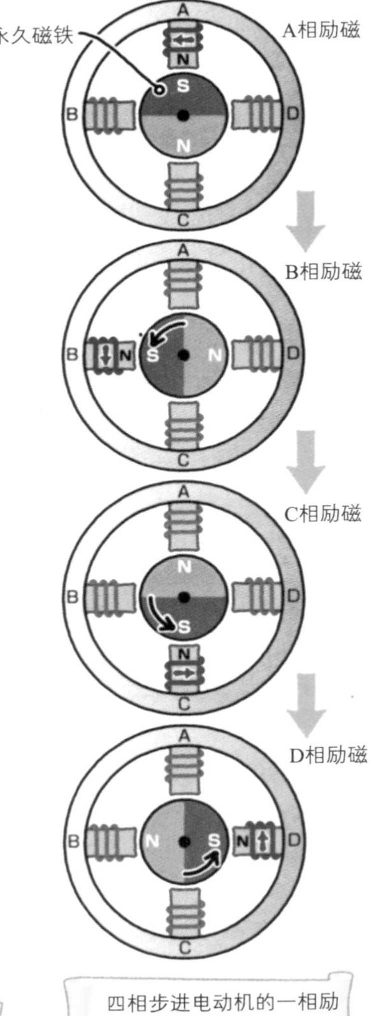

四相步进电动机的一相励磁方式的驱动

名词解释

励磁→电磁铁上通过电流而产生磁通的过程

084 步进电动机的励磁方式

步进电动机通过持续地做每一步的动作，实现连续的旋转。与利用旋转磁场转动的同步电动机的转动原理相似，但是因为通过开关切换磁场，所以转动时一定会伴随振动。下面看看四相永磁式步进电动机的励磁方法。

图1a所示是前节说明的按顺次地每一相励磁的方法，称为“一相励磁方式”。

图1b所示是两相共同励磁的方法，称为“两相励磁方式”。该方式是，A相绕组和B相绕组一起励磁，转子的S极在A相绕组和B相绕组的中间静止。B相绕组和C相绕组一起励磁，转子的S极转动到B相绕组和C相绕组的中间静止。继而按C相绕组和D相绕组、D相绕组和A相绕组的顺序依次励磁，每步会转动90°。

图1c所示是一相励磁方式和两相励磁方式的组合方法，称为“一-两相励磁方式”。该方式是，A相绕组励磁，转子的S极指向正上方。接着在A相绕组励磁的状态下，B相绕组励磁，转子的S极旋转45°，在A相绕组和B相绕组之间静止。接着，停止A相绕组的励磁，只励磁B相绕组，转子再旋转45°，被B相绕组吸引静止。总之，一相励磁和两相励磁交互替换，每步会转动45°，转动不稳会变小。

要点提示

- 步进电动机的转动原理与利用旋转磁场转动的同步电动机相似

图1 步进电动机的励磁方式

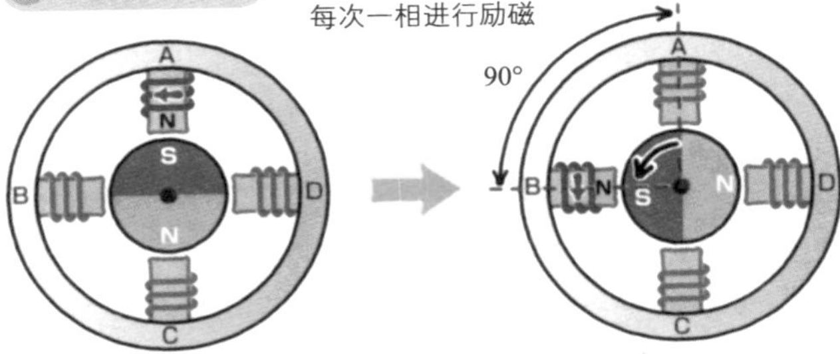

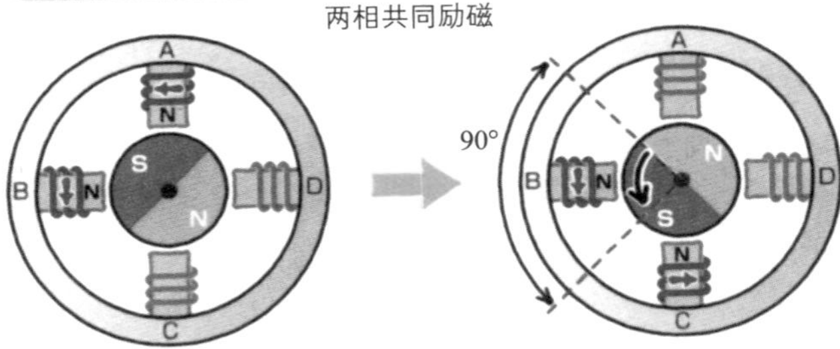

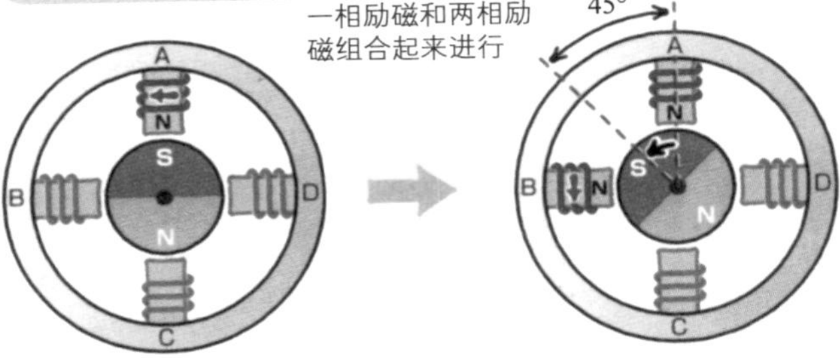

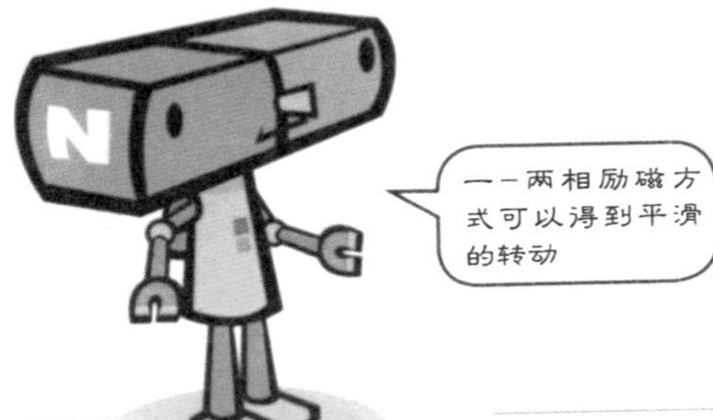

N
一-两相励磁方式可以得到平滑的转动

专栏

现在的地铁很有趣

说到直线电动机车首先会想到磁悬浮式的超高速的新干线。实际上在我们的身边，也同样行驶着使用直线电动机车。例如，2008年开业的日本横滨市经营的绿线地铁就是使用“直线感应电动机”。

相对磁悬浮式，有种被称为“铁轮式”不会悬浮的车辆。初级侧的三相绕组安装在车辆上，次级侧的导体设置在轨道间。应该有很多人会观察到轨道间有很厚的轨道。在本章的077节中所说的直线电动机就是导体为可动部分，但是横滨市经营的绿线地铁是车辆上搭载的初级侧的三相绕组跟车辆一起成为可动部分。由于地铁内没有风雨的影响，所以环境变化小，有可以保持一定的环境条件的优点，引入了直线感应电动机。

此外，日本京都地铁大江户线、神户市地铁海岸线、福冈市地铁大隅线、大阪市地铁今里筋线等，都有直线电动机车运行的。

照片：日本横滨市地铁“绿线”

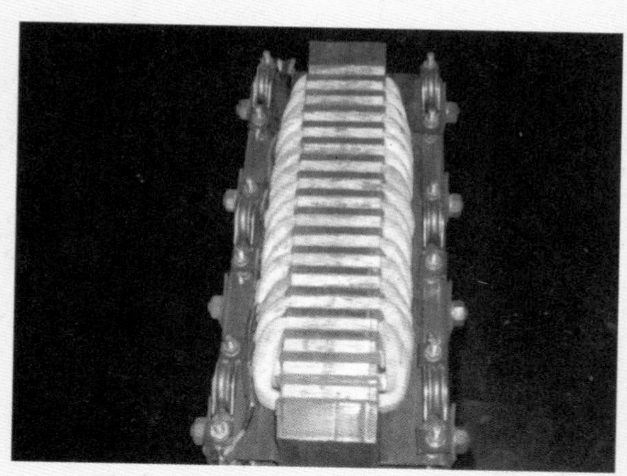

照片：试制中的铁轮式直流电动机的可动绕组部分

电动机和半导体控制

以机器人为代表，在机械机构的位置、速度等需要精密控制的地方，电动机是不可缺少的。

另外，对于汽车、电车、电梯、自动扶梯，电动机不再是单纯的动力，伴随着控制系统，给我们提供了舒适便捷的生活环境。

这里我们看看电动机在机械系统控制中的应用。

085 任意控制电动机的技术

“控制”广义上来讲：“为了达到某种目的或目标，对对象施加操作的过程”。以电动机的转速为例，就是“为了达到需要的转速，调整供给电动机的电压或频率的过程”。

以风扇为例，变更转速调整风量时，使用调整用的按钮或开关。这种边看风量显示边操作的方法叫作“开环控制”。开环控制对周围的温度变化无法进行实时控制。相对于开环控制，个人计算机的冷却风扇的电动机中会实时监测实际温度，为了不让内部温度过高，不时地控制开关调整温度。这种测量实际情况，根据反馈而调整方法被称为“闭环控制”。因为电动机中要控制的对象有①转速、②转矩、③位置或角度，所以要求有很高的测量控制技术。

使用电动机控制运行的自动门、电梯的控制方式叫作“程序控制”。如图1所示，按下电梯中的按钮，电梯会自动来到自己所在楼层。这是判断条件后根据一连串的顺序运行电梯的操作，是个非常具有代表性的例子。因为程序控制是根据顺序阶段性地进行控制的，可以用开关回路实现。

图2所示为对空调器、电冰箱等进行温度调整的控制叫作“反馈控制”。例如，空调器的温度设定为24℃，室温变高的话，室外机的风扇电动机的转动会变快，将室温调整到24℃。反馈控制成为闭环控制。

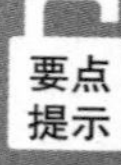

●控制中有程序控制和反馈控制

图1 电梯的控制（程序控制）

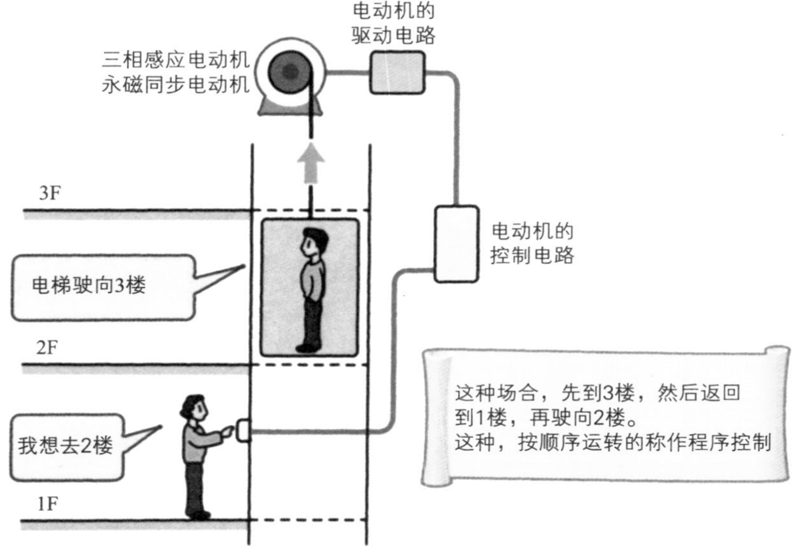
电动机的
驱动电路
三相感应电动机
永磁同步电动机
3F
电动机的
控制电路
电梯驶向3楼
2F
这种场合，先到3楼，然后返回
到1楼，再驶向2楼。
这种，按顺序运转的称作程序控制
我想去2楼
1F

图2 空调器的控制（反馈控制）

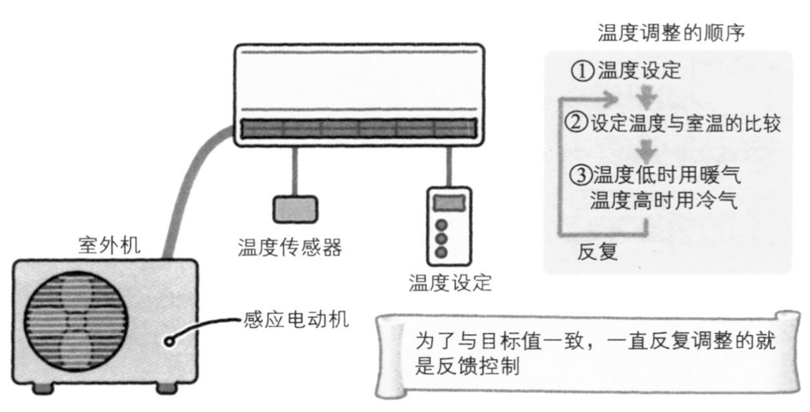
温度调整的顺序
①温度设定
②设定温度与室温的比较
③温度低时用暖气
温度高时用冷气
反复
室外机
温度传感器
温度设定
感应电动机
为了与目标值一致，一直反复调整的就
是反馈控制

086 看一看使用在电动机控制中的传感器

看一看这里使用在电动机中的具有代表性的传感器。

“测速发电机”是为了测量电动机的转速，从很早就开始使用的转速传感器。它利用了直流发电机的原理，输出直流电压。由于直流电动机可成为直流发电机，所以使用直流电动机也可以得到相同的效果。

“霍尔元件”是对于磁通产生直流电压的元件。因为能辨别N极和S极的磁极，是使用在无刷电动机等的检测磁极位置的磁性传感器，在电动机控制中是必不可少的。

“编码器”由光耦合器（发光二极管和光敏晶体管）和狭缝圆盘构成，因为产生与转数成正比的脉冲，应用在电动机的转速、转动角度或者转动方向的检测上。测速发电机产生模拟输出，编码器产生数字输出。

“电位计”是可变电阻的一种，有可转动360°的环形的、总转数为10转的等多种。作为模拟检测转动位置的位置检出传感器来使用。

“分流电阻器”作为检测电流的传感器来使用。在检测电流时，使用电阻值小的电阻，通过模拟放大检出端电压。与电动机串联插入而检测电流，因为可以知道与电流成比例的转矩，也作为检测转矩的传感器来使用。

此外，“限位开关”、“按钮开关”等开关也可起到传感器的作用。

要点提示

● “测速发电机”是以直流发电机原理制作的，直流电动机也可以作为“测速发电机”来使用

图1 电动机控制中使用的传感器

a 测速发电机（转速测定）

b 霍尔元件（位置测定）

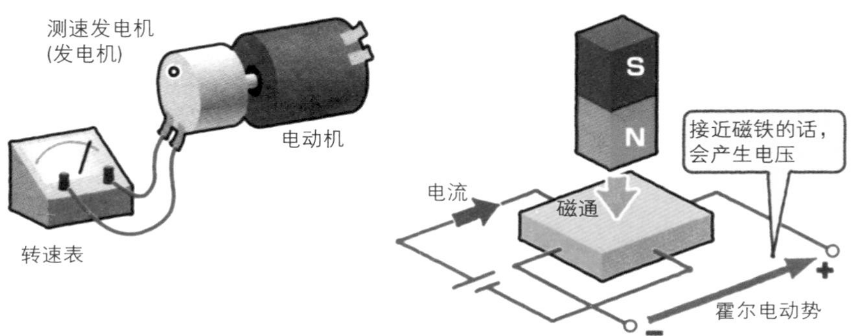

c 旋转编码器（转速、位置测定）

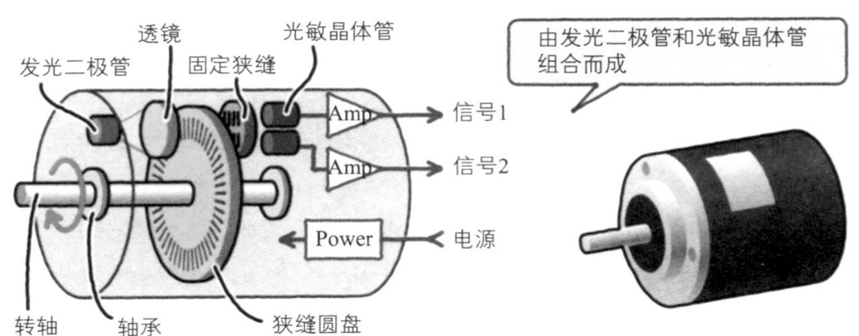

d 电位计（位置测定）

e 分流电阻（电流、转矩测定）

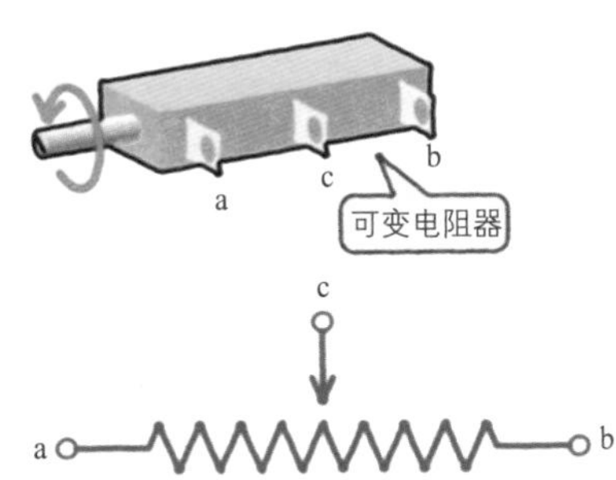

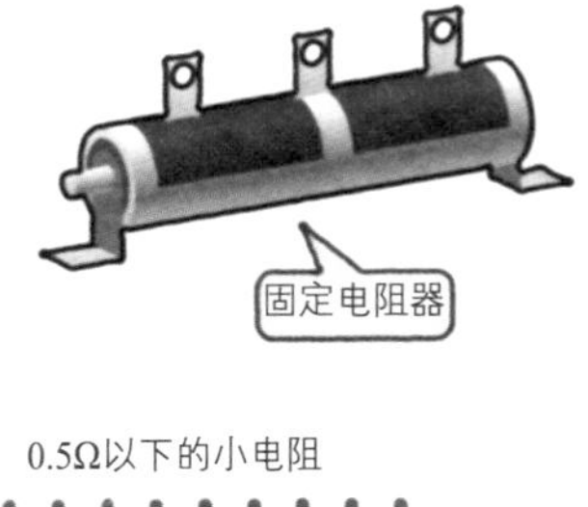

087 被称为魔法开关的晶闸管（SCR）作为“大功率开关”被使用

“用半导体控制电力的梦想”已经成为很久以前的事了。在电气铁路中电梯、空调器等营造出无声环境的是被称为“电力半导体”器件。

这种电力半导体是利用半导体特性中的容易通电的性质和不通电的性质，起到高速通断的开关作用。也就是说，与收音机、电视机中使用的信号处理用半导体的工作区域是不同的。图1a所示的是晶体管的特性。放大时使用的是“放大区”，通断开关中使用的是“饱和区”和“截止区”。

“饱和区”：电阻变小，消耗功率也变小。晶体管作为开关使用有以下优点：①没有火花，②容易小型化。此外，③损耗小，可以高速开关。这也是一个很大的优点。

“二极管”：作为功率控制用半导体，是很早就开始使用的PN结的半导体。因为具有单向传导电流的整流作用，组成桥式电路、可以做成将交流变换为直流的整流器。

“晶体管”：是很早就被广泛使用的半导体器件，分为pnp型晶体管和npn型晶体管两类。而且已经开发出了大容量高性能的功率晶体管（MOSFET、IGBT）。

“晶闸管（SCR）”是由pnp型和npn型两种晶体管组合而成的4层结构。这样开关速度会更快，功率损失更小。因此SCR被称为魔法开关，在电力系统中作为大功率的开关器件使用。

要点提示

●电力半导体作为高速开关器件使用

图1 晶体管的结构

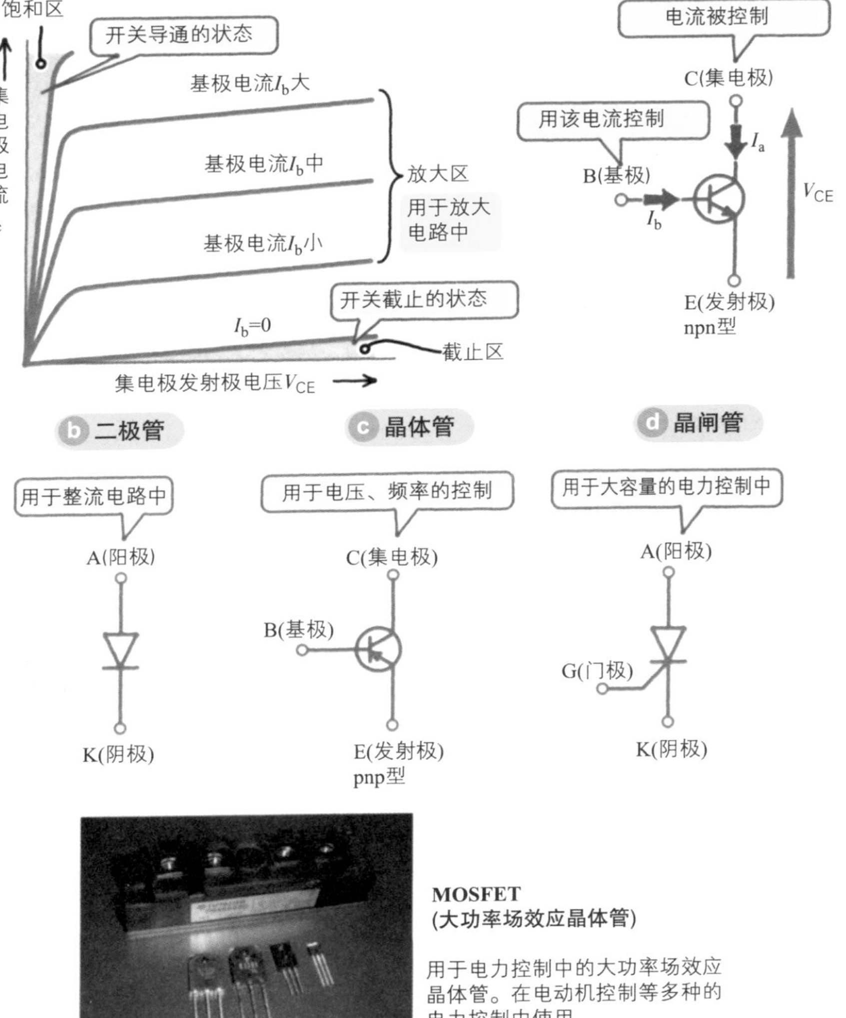

MOSFET
(大功率场效应晶体管)

用于电力控制中的大功率场效应晶体管。在电动机控制等多种的电力控制中使用

名词解释

MOSFET（Metal Oxide Semiconductor Field Effect Transistor）→金属氧化物半导体场效应晶体管

IGBT（Insulated Gate bipolar Transistor）→绝缘栅双极型晶体管

088 电动机控制中具有代表性的电力半导体控制电路

下面看一看使用晶体管和晶闸管的电力控制电路。

图1a所示是可以调整直流的平均电力的叫作“直流斩波电路”的电路。使用晶体管控制电力，通过控制晶体管开关的导通时间和截止时间，来调整电力的平均值。这种控制叫作“导通时间比率控制”。其控制方式有以下几种方法。

PWM（脉宽调制，Pulse Width Modulation）方式：在晶体管的开关周期T一定的情况下，调整导通时间和截止时间。通过导通时间的比率来调整平均电力。

PFM（脉冲频率调制，Pulse Frequency Modulation）方式：在导通时间一定的情况下，调整截止时间。通过调整脉冲周期T，可以得到相应频率的电力。

图1b所示的是晶体管桥式连接的逆变电路。这个电路的电源是直流，输出是交流。可以理解为将直流变换成交流的能量变换电路。因为输出的交流电伴随负载种类的不同会有电流相位的变化，正脉冲和负脉冲之间设有一段没有输出的时间，所以称为三值控制输出。另外PWM波形为近似正弦波，常被使用在感应电动机的控制中。

图1c所示的是使用反向并联连接的晶闸管的交流电力调整电路。在交流波形的相位角α处开关器件导通（触发），正向电流接近零附近的话，会自动关断。这个称作晶闸管的相位控制，经常使用在家庭的照明器具中。

要点提示

- 晶闸管一旦导通，无法通过信号强制关断
- 当晶闸管中流过的电流变为零时，晶闸管变为关断状态

图1 具有代表性的电力半导体控制电路

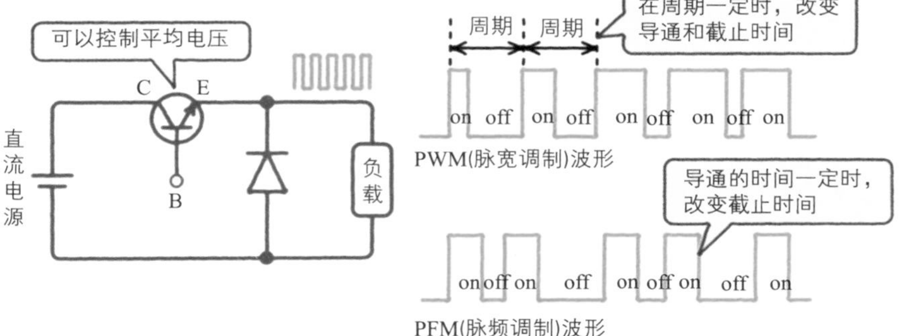

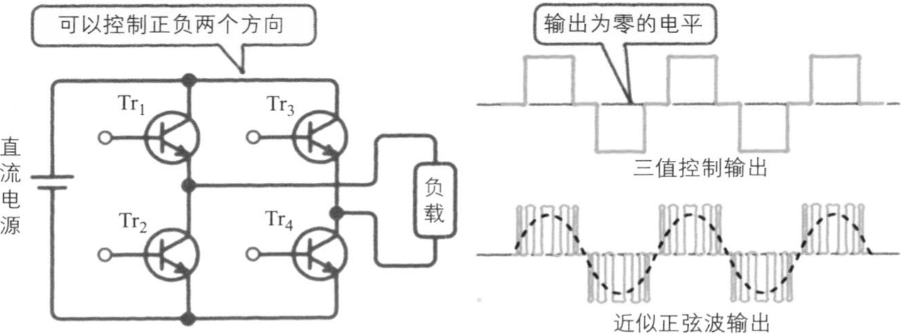

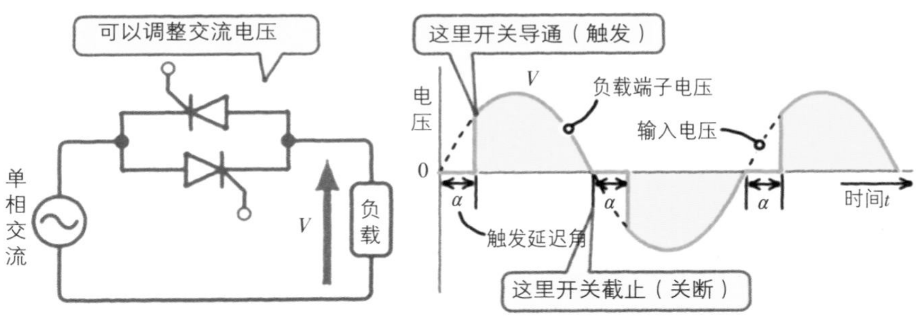

名词解释

触发延迟角→为触发晶闸管的相位角

089 用半导体控制电动机可以研发出新型电动机

电力控制用半导体应用在电动机上，既可以平滑地控制通断，也可以实现瞬时控制。

使用电力控制用半导体的电动机控制有两个重要的意义。一个是使以前的电动机控制技术实现了高性能化和小型化。例如，日本横滨塔的电梯以每秒10m的速度运转，可以自如地控制位置、转动和转矩等。如果没有半导体控制的话，这些都是无法实现的。另一个是可以研发新型电动机。无刷电动机和超声电动机是新型电动机的代表。无刷电动机是用半导体替换直流电动机的换向器和电刷的电动机。根据结构的设计要求，可以对电动机的形状和用途进行再设计。如果没有半导体的话，这种电动机的出现是无法想象的。

电动机的控制有旋转控制、位置控制、转矩控制三种。

图1所示是为了使电动机在目标值上稳定转动的反馈控制电路。电动机的转速以与测速发电机的转速成比例的电压作为检测值，并与目标值比较后驱动斩波器电路的基极。

图2所示是为了控制转矩的反馈控制电路。因为电动机的转矩跟电流成正比，通过电动机的电流可以用分流电阻（1Ω以下）检测出来。

图3所示是位置控制的反馈控制电路。位置控制有对于转角的控制和位移的控制。因为需要电动机的正转和反转，必须采用半导体的桥式电路来控制电力。

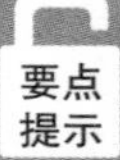

●利用电力控制用半导体的电动机控制系统促进了电动机的高性能化、小型化，并使新型电动机得以诞生

图1 直流电动机的转动控制电路

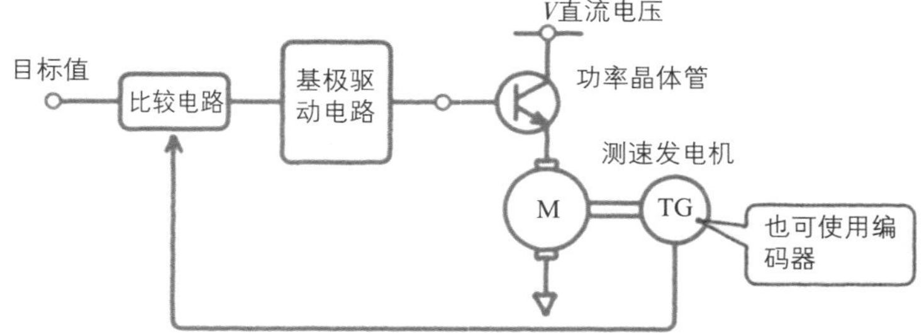

图2 直流电动机的转矩控制电路

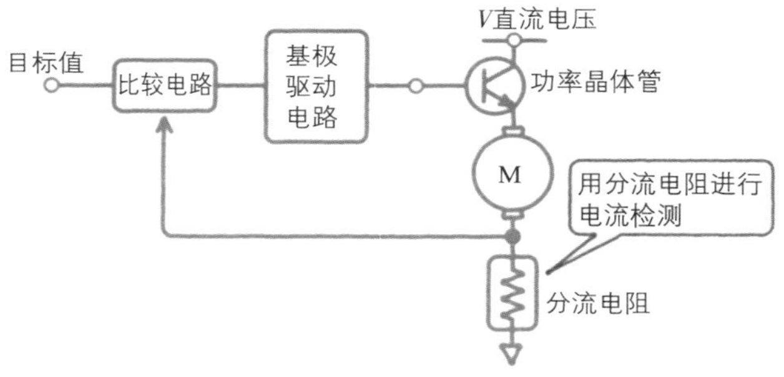

图3 直流电动机的位置控制电路

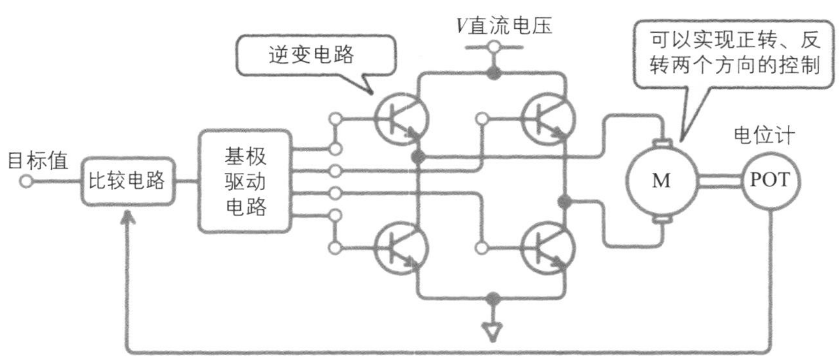

名词解释

基极→用于晶体管的导通、截止信号输入端，这里输入的信号称为基极信号

090 控制性能的好坏是“伺服电动机”的关键

“伺服控制”是通过反馈控制使包括电动机在内的机械系统的速度、位置、位移在目标值运行的控制。因此使用在这种控制的电动机称作“伺服电动机”，是跟踪速度急速变化的快速响应的首选电动机。

伺服电动机如图1所示，有起动转矩大、从接通开关开始到稳定转动的时间短、电压和转速成直线关系、转矩和电流成直线关系、损耗小等要求。

图2所示是恒速控制的直流伺服系统。恒速控制是要保持速度为一定数值，所以是反馈控制。恒速控制根据转速的检测方法、控制方法的不同，有多种方法。

“V控制”是把与转速成比例的直流电压（模拟量）直接输入到比较电路中的反馈控制方法。使用在精度要求不高的场合。

“F-V控制”是通过变换电路把由编码器等产生的与转速成比例的频率信号变换为电压信号，输入到比较电路的反馈控制方式。该控制使用在需要较高精度的场合。

“PLL控制”是把相位同步化的反馈控制。相对于基准频率的脉冲、发信器有相位偏移时，会产生相应相位差的修正脉冲，使输出一定。输出会跟基准频率同步后稳定下来。此方法使用在高精度的恒速控制上。

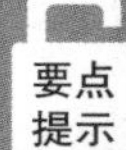

●伺服电动机的控制是反馈控制

图1 对伺服电动机要求的特性

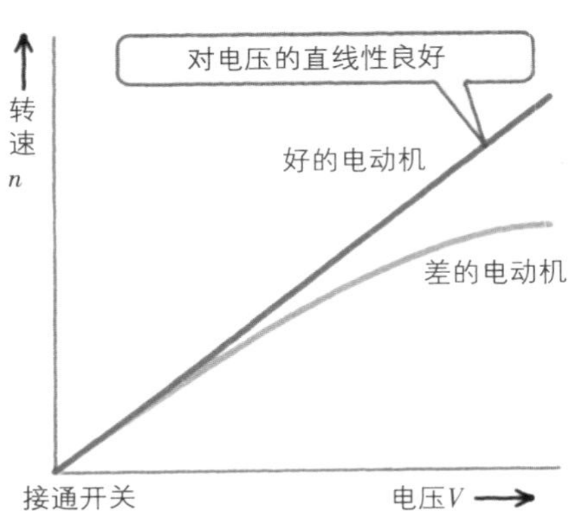

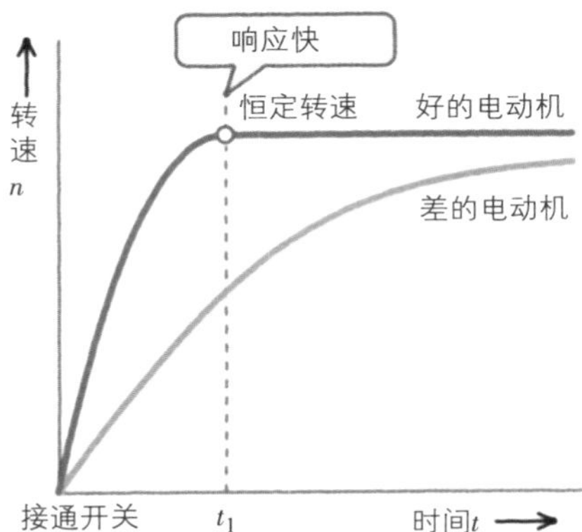

图2 速度控制电路

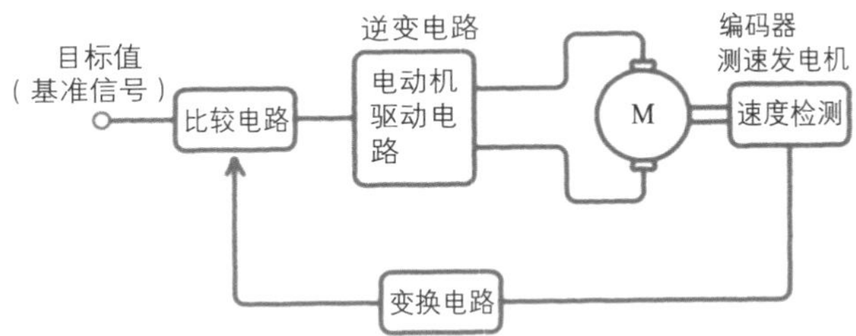

专栏

日本的轴承

电动机的构成部件中，轴承是必不可少的。轴承在减少转动部分的摩擦是必不可缺的，小型电动机中有没有轴承的电动机，但是要求精密转动的电动机和大型电动机肯定有作为轴承的“球轴承”（照片）。照片是使用在感应电动机（左）和步进电动机（右）上的球轴承。也有使用如油一样的液体的油膜轴承，转轴用磁铁支撑的磁轴承。不管哪一种轴承的制造技术都属于精密加工，日本生产的轴承在世界上占有率超过3成。

照片　电动机上使用的球轴承

参考文献

「図解入門　よくわかる最新モータ技術の基本とメカニズム」　井出萬盛 著（秀和システム、2004年）

「電気機器」　深尾正 監修、新井芳明、熊谷文宏、菅谷光雄 他編（実教出版、1995年）

「標準電気基礎（下）」　加藤正義 著（オーム社、1998年）

「新しい小形モータの技術」　坪島茂彦、高井敏夫 著（オーム社、1988年）

「モータがわかる本」　内田隆裕 著（オーム社、2004年）

「電気工学ハンドブック」　電気学会 編（オーム社、2001年）

「リニアモータと応用技術」　山田一 著（実教出版、1976年）

「モータのはなし」　谷腰欣司 著（日刊工業新聞社、1992年）

「小形モータのすべて」　見城尚志、佐渡友茂 著（技術評論社、2004年）

请加紧“创造”梦想吧！

在20世纪诞生的广域网和计算机科学，使科学技术取得了令人瞠目的进步，高度信息化社会到来了。现代科学就存在于我们的身边，如果没有科学可以说对社会的发展就会有致命的影响。

以21世纪的指南针科学世纪为目标，我们在2006年10月创刊《科学·视野新书》，2009年1月创刊《科学·视野BOOK》。并且每次都本着对有创作梦想的高中生、高等专科学校学生、大学生，甚至是普通企业、商业和建筑等领域的人员，对于他们来说，都是很容易理解的理工科入门丛书为目的，而编写的《易学易懂的理工科普丛书》。

本丛书对工科领域革命性的发明，应用产品、基本的理学原理和结构等进行了讲解，采用全彩的图形和图片的对照来针对这些特点进行详细的图形讲解，采用了通俗易懂、深入浅出的讲解方法。本丛书特别考虑到为了让大家了解一些专业领域的课题，对必要的、比较重要的项目，进行了严格的筛选，讲述的内容浅显易懂。这对有创作梦想的初学者来说，相信会起到一定的作用吧。

随着社会的发展可能还会出现很多惊人的产品，但是基础知识是最重要的。无论何时都要立足基础，相信本丛书定会给大家一定的启迪。

图书在版编目（CIP）数据

图解电机基础知识入门/（日）井出万盛著；尹基华，余洋，余长江译. —北京：机械工业出版社，2017.1（2025.3重印）
（易学易懂的理工科普丛书）
ISBN 978-7-111-55620-6

Ⅰ.①图…　Ⅱ.①井…②尹…③余…④余…　Ⅲ.①电机学—图解　Ⅳ.①TM3-64

中国版本图书馆CIP数据核字（2016）第302709号

机械工业出版社（北京市百万庄大街22号　邮政编码100037）
策划编辑：任　鑫　　责任编辑：张沪光
责任校对：闫玥红　潘　蕊　　封面设计：陈　沛
责任印制：单爱军
保定市中画美凯印刷有限公司印刷
2025年3月第1版第8次印刷
148mm × 210mm · 6.5印张 · 198千字
标准书号：ISBN 978-7-111-55620-6
定价：39.00 元

凡购本书，如有缺页、倒页、脱页，由本社发行部调换

电话服务
服务咨询热线：010-88361066
读者购书热线：010-68326294
010-88379203

网络服务
机 工 官 网：www.cmpbook.com
机 工 官 博：weibo.com/cmp1952
金 书 网：www.golden-book.com
教育服务网：www.cmpedu.com